高等教育工业设计专业系列教材

语意的传达
Semantic Communication

产品设计符号理论与方法

陈浩　高筠　肖金花　编著

中国建筑工业出版社

图书在版编目(CIP)数据

语意的传达 产品设计符号理论与方法/陈浩,高筠,肖金花编著.—北京:中国建筑工业出版社,2005
(高等教育工业设计专业系列教材)
ISBN 978-7-112-07221-7

Ⅰ.语… Ⅱ.①陈…②高…③肖… Ⅲ.产品—设计—高等学校—教材 Ⅳ.TB472

中国版本图书馆 CIP 数据核字(2005)第 030049 号

责任编辑:李晓陶　马　彦　李东禧
正文设计:徐乐祥　唐智国
责任设计:廖晓明　孙　梅
责任校对:刘　梅　李志瑛

高等教育工业设计专业系列教材

语意的传达
Semantic Communication

产品设计符号理论与方法

陈浩　高筠　肖金花　编著

*

中国建筑工业出版社出版、发行(北京西郊百万庄)
各地新华书店、建筑书店经销
北京中科印刷有限公司印刷

*

开本:787×960 毫米 1/16 印张:9¼ 字数:300 千字
2005 年 7 月第一版 2008 年 2 月第二次印刷
印数:3001—4000 册 定价:38.00 元
ISBN 978-7-112-07221-7
(13175)

版权所有　翻印必究
如有印装质量问题,可寄本社退换
(邮政编码 100037)

总 序

自1919年德国包豪斯设计学校设计理论确立以来，工业设计师进一步明确了自身的任务和职责，并形成了工业设计教育的理论基础，奠定了工业设计专业人才培养的基本体系。工业设计始终紧扣时代的脉搏，本着把技术转化为与人们生活紧密相联的用品、提高商品品质、改善人的生活方式等目的，在走过的近百年历程中其产生的社会价值被广泛关注。我国的工业设计虽然起步较晚，但发展很快。进入21世纪之后，工业设计凭借我国加入WTO的良好机遇，将会对我国在创造自己的知名品牌和知名企业，树立中国产品的形象和地位，发展有中国文化特色的设计风格，增强我国企业和产品在国际国内市场的竞争力等等方面起到特别重要的意义。

同时，经过20多年的发展，我国的设计教育也随之有了迅猛的飞跃，根据教育部的2004年最新统计，设立工业设计专业的高校已达219所。按设置有该专业的院校数量来排名，工业设计专业名列工科类专业的前8名，大大超过了绝大多数的传统专业。如何在高等教育普及化的背景下培养出合格、优秀的设计人才，满足产业发展和市场对工业设计人才的需求，是我国工业设计教育面临的新挑战，也是设计教育发展和改革需要深入研究和探讨的重要课题。

近年来，工业设计教材的编写得到了高校和各出版单位的高度重视，国内出版的书籍也由原来的凤毛麟角开始转向百花齐放，这对人才培养的质量和效果都起到了积极的意义。浙江省由市场经济活跃、中小企业林立而且产品研发的周期较快，为工业设计的教学和发展提供了肥沃的土壤。浙江地区设置工业设计专业的高校就有20多所，因此，为工业设计教学的发展作出自己的努力是浙江高校义不容辞的责任。在中国建筑工业出版社的鼎力支持下，我们组织出版了这套高等教育工业设计专业系列教材，希望对我国工业设计教育体系的建立与完善起到积极的作用。

参与编写工作的老师们都在多年的教学实践中积累了丰富的教学心得，并在实际的设计活动中获得了大量的实践经验和素材。他们从不同的视点入手，对工业设计的方法在不同角度和层面进行了论述。由于本系列教材的编写时间仓促，其中难免会有不足之处，但各位编著者所付出的心血也是值得肯定的。我作为本套教材的组织人之一，对参加编辑出版工作的各位老师的辛勤工作以及中国建筑工业出版社的支持表示衷心的感谢！

潘 荣

2005年2月

编委会

主　编：潘　荣　李　娟

副主编：赵　阳　陈昆昌　高　筠　孙颖莹　雷　达　杨小军
　　　　林　璐　李　锋　周　波　乔　麦　于　默　(排名无先后顺序)

编　委：于　帆　林　璐　高　筠　乔　麦　许喜华　孙颖莹
　　　　杨小军　李　娟　梁学勇　李　锋　李久来　陈昆昌
　　　　陈思宇　潘　荣　蔡晓霞　肖　丹　徐　浩　蒋晟军
　　　　阚　蔚　朱麒宇　周　波　于　默　吴　丹　李　飞
　　　　陈　浩　肖金花　董星涛　金惠红　余　彪　陈胜男
　　　　秋潇潇　王　巍　许熠莹　张可方　徐乐祥　陶裕仿
　　　　傅晓云　严增新　(排名无先后顺序)

参编单位：
浙江理工大学艺术与设计学院
中国美术学院工业设计系
浙江工业大学工业设计系
中国计量学院工业设计系
浙江大学工业设计系
江南大学设计学院
浙江科技学院艺术设计系
浙江林学院工业设计系
中国美术学院艺术设计职业技术学院

目 录

007　前言

009～018　第一章　产品语意学概述

019～032　第二章　初步认识设计符号

033～048　第三章　产品语意

049～064　第四章　使用者的心理模型和产品语意传达的实现条件

065～074　第五章　产品语意传达的方法

075～084　第六章　修辞方法在产品语意传达中的运用

085～092　第七章　产品语意传达中的开放性思维

093～100　第八章　通过邻近性符号传达功能语意

101~110　第九章　隐喻与产品功能语意的传达

111~124　第十章　隐喻与产品诗化语意的传达

125~131　第十一章　讽喻与后现代语意游戏

132　参考文献

133~148　彩图

前言

随着社会的发展，消费者对于产品的要求也越来越高，以人为本的设计思路已经成为必然趋势。符号作为人类文化的产物，是人类进行沟通与情感表达的载体。产品设计中语意传达的研究和应用，便是希望通过符号的价值来满足消费者心理的、社会的、文化的各种需求。

产品语意学并非研究产品本身的符号性质，而是希望通过人类文化中的其他符号，使产品具有更多的内涵。芬兰在2002年初发布了其至2005年为止的"工业设计技术计划"（The Industrial Design Technology Programme），其目的是为了使工业设计成为国际竞争力的重要组成部分。计划中整合了多样的学科，并指出：那些最为成功的主要跨国公司都是把社会和文化的专项研究融合到它们的全球化开发中去的。市场正变得越来越破碎，个性化的需求在增加。认识到使用者这一终端的需要，并且产生建立在这种认识基础上的创新正逐渐成为获得成功的重要因素。因此，产品语意学和符号学作为社会和文化因素的研究方法被引入了进来。

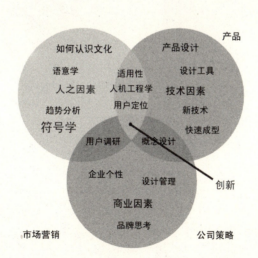

在上面的计划示意图中，我们可以看到，右面和下边两个圈中的内容是西方早就开始重视起来的。但左边圈中的内容则是在20世纪80年

代开始才逐渐进行系统研究,并被北欧这样的设计前沿地域真正地纳入政府的发展规划中。其目的最终是为了使企业在全球性的市场竞争中立足。说到底,这一切都是由市场所决定的。

由于时间仓促,可供参考的资料也比较有限,因此本书的一些内容尚有待商榷,不足之处甚多。本书仅作为一本产品语意学的参考书呈现给读者,恳请大家批评指正!

作者
2005.1于杭州

第一章　产品语意学概述

第一节　产品语意研究的产生及其背景

"我们的职业（工业设计）绝不是属于艺术家的，也一定不属于美学家，而宁可说是属于语意学家（semanticist）……物体必须散发出符号，就像孩子、动物和森林大火。"

——菲利普·斯达克（Philippe Starck），工业设计师。

1．产品语意研究的产生

产品语意学的概念是由克劳斯·克里本多夫（Krippendorff, Klaus）和雷恩哈特·布特（Butter, Reinhart）在20世纪80年代提出的。两人于1984年合作的 *Product Semantics: Exploring the Symbolic Qualities of Form*

语意的传达
Semantic Communication

一文中正式提出了产品语意学（Product Semantics）这一概念。

克里本多夫和布特认为："产品语意学是对人造形态在它们的使用情境中的符号性质进行研究，并且把这一认识运用于工业设计。它不仅考虑到物理的和生理的功能，还有心理的、社会的和文化的语境，我们称之为符号环境。"

1984年后，产品语意概念得到进一步扩展，当年的 *Innovation* 杂志也以产品语意为主题制作专辑，发出了语意学设计理论的讯号。从那时起，产品设计中语意学的研究、分析和运用飞速发展。克里本多夫进一步从广义上定义了产品语意学的研究内容：产品不仅仅要具备物理功能，还要能够：提示如何使用；具有象征功能；构成人们生活其中的象征环境。

产品语意学试图指导设计师有意识地运用外形、肌理、材料和色彩来传达语意。设计师使用产品语意学来代替单纯的式样创造。

2．产品语意研究产生的背景

产品语意学产生的背景可以从以下几方面考虑：

（1）技术制约的解放消融了设计的局限

机械技术的局限通常强烈影响着大多数产品的形式。然而今天，以电子和计算机技术为依托的产品已经成为主导的产品类型，逐渐取代了机械模式。这些新产品没有过去产品的机械技术的局限。

此外，制造技术的根本进步和计算机辅助设计，为产品设计中产品语意学的发展提供了便利。设计技术和制造技术上局限性的消解，使产品形态和细节上的新语汇得以实现。依靠这些手段，高度精细、富于表现的复杂产品形式在今天已经变得平常。

（2）产品功能与操作的黑箱化

没有了机械技术的限制，语意的暗示开始变得重要。工业时代的产品易于拆解、机构可显露、运作过程可见，产品呈现出一种白箱模式。而随着高科技的介入，今天的产品形式早已背离了工业时代的法则。对于许多以微电子技术为基础的产品而言，由于功能的执行不再是传统的可感知方式，而是电子的无形运作，产品的功能元件被高度浓缩和隐藏，非专业人员将很难理解其运作，所有的操作都被集中于一个集约的、虚拟的界面中，造成产品的外观形式无法解释和表达其内部功能及使用状态，呈现一种黑箱模式。这使产品的使用者和设计者都陷入了困惑之中。对于使用者而言，产品的操作变得神秘、复杂且枯燥，缺乏乐趣。而对于设计师而言，按照原有的理念进行设计也变得缺乏依据。

（3）消费动机的复杂化

今天的产品都开始本着"以人为本"的方针来进行设计，而不是简单的从客观的物出发来进行设计。设计中是否考虑到消费者复杂的心理感受已经成为一个产品成功与否的重要因素。过去的产品设计关注技术因素和商业因素，并简单地根据性别、年龄、职业、收入等这些清晰的定性、定量的参数来进行市场定位，产品的生产者掌握着主动权。而现在的市场则变得日益细化，消费者的个性化需求开始左右产品的设计和生产。

第二节 产品语意研究的目的

在这些背景因素基础上，使用者的需要，而不是机械技术的局限开始左右了产品的形式。

符号作为形式和意义的统一体，在信息传播中，起到了媒介的功能。从价值的角度看，符号所包含的意义是最为重要的。我们花费精力学习语言，是希望能够相互理解所要表达的意义，加强人与人之间的沟通。广告等商业活动中，商家花费巨资进行宣传也是力图向消费者传达商品的意义。而研究产品符号的主要目的也是希望产品能够成为一个沟通媒介，传达出恰当的意义，以提升一件产品的附加价值。一方面这使消费者能够获得更多的利益，另一方面也使生产者能够获得更多的市场竞争力。

为此，设计师开始寻求通过使用者的认知行为和形式的自明性来进行产品形式的创造和确定，以实现人机间的沟通和交流。现代主义是"形式追随功能"，而语意学则希望"形式表达功能（form expresses function）"或者"形式传达使用状况（form communicates use）"。语意设计是对单一中性的现代主义功能产品的反映，设计师力图使"形式表达情感（form expresses emotion）"，通过关注产品所处的使用情境的复杂性，使产品形式传达出情感性意义，以满足消费者的多样化需求。

第三节 产品形式的沟通功能

现代主义强调形式追随功能，然而形式本身就具有功能。两个建筑的例子可以帮助我们理解这一点。

如图1-1，设计师贝聿铭为了表达法国巴黎卢浮宫的功能属性，将其入口设计为金字塔的形式。通过金字塔这一世界闻名的历史文化象征符号，直观地向参观者表达了卢浮宫的博物馆身份。

语意的传达
Semantic Communication

图1-1 巴黎卢浮宫入口

另一个例子是关于芬兰建筑大师阿尔瓦·阿尔托的,据说他设计过这样的一个音乐会堂大厅,当人们穿过大厅走向音乐会堂时,甚至不需要中断他们正在进行的交谈。他们不用借助标示或者去理解大厅的空间关系就能找到他们该走的路线。这是因为阿尔托把一个灯柱设计在了大厅的尽头。人们只要朝着灯走就发现他们正好站在了通向音乐会堂的楼梯底下。因此,这个大厅的一个功能便是让人们无意识中根据认知习惯找到行走的路线。

两个建筑体现的这种功能本身是不可见的,但是它依赖于真实的、视觉的形式。在这里,形式本身传达了可为人直觉理解的意义,起到了提示功能。并且,这个功能不是附加性的(金字塔形象和博物馆入口是融为一体的,而灯柱本身就是室内的一部分),也不是使用者的具体要求。这体现了设计师对于设计的探求以及对于使用者的关注。

其实在工业设计的历史中,设计师已经直觉地在使用着语意学。提出了"形式追随功能"这一现代主义格言的路易斯·沙利文也指出,"所有自然状态的事物都有其形式……告诉我们它们是什么。"

图1-2

如图1-2,鲁吉·克拉尼(Luigi Colani)1965年设计的躺椅,直觉地运用了产品语意学。躺椅看起来就像一个人头部枕在交叉的手臂上,翘着腿休息的样子,这一强烈的隐喻立即传达出了这一产品的目的、用法和状态,很好地表达了躺椅的功能和使用方式。

而语意学则将这种探索和运用变得有意识起来。产品语意学认为：产品形式本身可以成为一个用来和使用者进行沟通和表达的媒介。产品对于使用者而言是个工具，因此设计师塑造的每一样工具都要能够使它表现出其本性和用途。

弗里兰德（Friedlaender）认为富于表现力的语意设计的兴起是对技术主导，对功能主义禁欲者般枯燥乏味的逆反。现代主义运动的格言是"形式追随功能"，这使得产品的形式趋向于单一化，许多人认为它排斥了美学和象征主义。现代主义者厌恶装饰，认为它掩盖了物体的真实形式，转移了人们对于物体的真实看法。他们相信内部的机构可以规范"真实"的外部形式。这样的考虑是以产品的物理功能为中心的。因此设计师在展开设计的时候，考虑更多的是内部机构与外部形式之间的默契与沟通。然而产品本身的这些物理机构之间的默契并不能保证产品和使用者之间的默契。科技的非人性化实质使得现代产品在物理功能高效运转的同时忽略了和使用者之间的情感接触。随着科技的发展，产品功能和操作上的多样化、复杂化使人们在使用时日益感到困难和茫然。这样的产品无法带给人们情感上的沟通和享受，相反，使人们成为了技术和产品的奴隶。

产品语意学的研究便是希望改变这种状况，希望通过设计师的努力，使产品的外部形式能够解释和表达其内部功能及使用状况，通过视觉和形式的暗示进行意义的传达，以此实现人机之间信息的沟通和交流，使产品人性化。诺曼认为："当一个简单的物体需要图片、标注或者介绍时，这个设计就是不成功的。" 比如当设计师需要依赖其他"语言"把"推"这一简单的操作从"拉"这一操作中区分出来的时候，其设计在通过形式进行沟通方面就是不成功的。

产品语意学结合了艺术学、人机工程学、传播学、逻辑学、哲学和心理学等多样的学科。设计师可以有许多的手段通过他们的产品来传达语意。

这种人性化的设计思维最鲜明的体现在如今的电子产品的图形用户界面设计中。

目前，界面设计形式上大多采用的是 GUI（graphic user interface）界面，即图形用户界面。其特征主要是区分于旧式的文本界面（text interface）。早期出现的文本操作界面（如 DOS 系统）主要以键盘为输入端，采用文字输入命令（command）形式。用户必须准确记忆大量的相关命令，并且界面显示相当不直观，命令的输入与反馈有很大的不可预知性。1970 年代苹果公司率先开发具有直观显示操作特性的图形操作界面系统（Apple Macintosh），随后得到 IBM 的进一步发展和微软公司的迅速推广，使得视窗化的操作界面在今天已深入人心，用户操作计算机的困难性大大降低。这是计算机操作界面设计的一大飞跃。

语意的传达
Semantic Communication

GUI的依据建立在认知理论基础之上。GUI通常的特征是窗口化(windows)、图标化(icons)、菜单化(menu)和按键化(push-buttons)，其深层意义乃是对应人类认知模型的行动控制方式，解决的是视觉呈现与行为模型的一致关系。例如窗口、菜单形式对应人类认知过程中信息的逻辑组织结构；按键对应行动中的执行-回应模型（push-response）；图标的抽象符号既可表意，又可以引发想像，激发使用兴趣（图1-3）。

界面设计的革新表明图像形式本身可以传达出意义，合理的设计可以方便使用者的认知和操作。然而，通常设计师并未有意识地利用他们所设计的产品的形式进行沟通，我们总是要依赖其他形式的"语言"（各种图标和产品说明书中的图画和语言），而不是产品本身的"语言"进行人机间的沟通。

图1-3 网站界面

而更糟糕的是，产品形式的表达甚至经常引起人们的误解，比如在希望传达"拉"的动作的时候被解读出"推"的意义来。这些都是由于设计师对于产品语意传达的无意识造成的。因此作为设计师，必须意识到产品形式本身在讲一种语言，并且这种语言所传达出来的意义会出现在使用者意识的最前沿，它总是和使用者处在首要和直接的接触中，语意的错误很容易给人们的认知和操作带来长久的不便。

如图1-4所示的把手设计,前两个设计没能暗示操作把手时转动的方向,使用者根据认知习惯,甚至容易产生直接"拉"的反应,由于使用者的认知习惯是长期建立起来的,这种冲突便可能经常发生;而后两个设计则提供了这种暗示,使用者直觉地便会采取顺时针转动的动作。虽然是个细节性的调整,但带给使用者的便利可能是长久的。

图1-4

第四节　形式传达功能语意

产品语意学某种程度上是对缺乏人机沟通、非人性化的现代主义设计的反抗,显然远离了冷漠乏味的功能主义。然而作为一种设计理论,它和功能主义之间也保持着某些相同的要求。和功能主义一样,语意学也强调实用性,但是它力图通过形式的自我说明(自明性)来实现这一目的,而不是单纯形式上的简化。通过使用者的认知行为需要,而不是机器的"内部结构"来确定产品的形式,运用人们认知活动中的习惯性反应来确定产品的形式。

如果说现代主义是"形式追随功能",那么语意学则是"形式表达功能(form expresses function)"或者"形式传达使用状况(form communicates use)"。通俗地说,产品语意学是要试图通过其形式表明产品"是什么"或者"如何使用"(表1-1)。大部分使用者通过试错,或者通过参考使用说明来解决产品使用问题。而语意学家则努力通过产品的形式来传达这些细节。"根据这样的方法,设计师运用外形、肌理、材料和色彩来传达意义。设计师使用语意学代替纯粹样式上的变化,以创造出可以理解的并且富有魅力的产品。语意学的目的是要使产品成为一个用来沟通和表达的媒介"。

产品是什么(本质)	产品如何使用(操作)
比如,搅拌器是一个切碎并混合食物的器具。它通过急速旋转,将食物切片、捣碎,使各种大块的食物成为同质的泥浆状物体,然后释放出来。	那些按钮是干什么的?它们如何区别?哪个是快,哪个是慢?每次要按多少个?它如何被拆开清洗?之后它又如何组装?……

表1-1

语意的传达
Semantic Communication

对于那些创新性的产品而言，第一个目标显得极为重要。

这样，物体的形式便不只是一种"样式"，它可以传达意义，具有沟通功能。

如图1-5，榨汁器在语意表达上清晰生动。有机顺滑的形态以及明快鲜亮的橙色和果绿色隐喻着水果的形状色彩和天然新鲜，使人很自然地联想到产品的功能；手柄上显著的颗粒状凸起，一方面增加摩擦，加强手感，另一方面使使用者产生稳定可靠的感受，暗示了操作的部位和产品的品质；而榨汁器咬合处自然起伏的曲线和手柄外凸的颗粒形态则传达了操作方式和稳定感。整个产品能使用者体会到操作过程的快乐惬意，操作结果的美味诱人，仿佛一切都值得期待和信赖。

图1-5

当然，对于功能和操作复杂的产品而言，语意学的表达不可能代替说明书。图像符号的特性决定了产品形式无法表达精确复杂的意义，许多语意学的考虑都是相当细节性和暗示性的，却可以带给使用者额外的便利、乐趣和信赖，体现设计师、企业对于消费者的关怀。语意性的产品虽然在外延上是相同的，但却增加了产品的功能内涵。

第五节 形式传达情感语意

在产品语意的表达中，比较科学的方式是产品形式传达出产品固有的功能性意义，狭义的产品语意学方法是针对这个目标展开的，它将分析和探讨限制在那些用以传达产品用途和操作意义的语意学原则上，意图传达产品与使用者的功能性联系。基于这种功能性的原则，语意传达的目的，以及设计师努力的成果是清晰明确、毫不含糊的。

与之相反，许多后现代的产品对于分离、破碎、情感隐喻因素的使用，虽然也预示了语意学的方法，然而它并不是建立在明确的沟通目的和功能性的基础上的，设计师努力去使科学拥有情感，更加关注产品与使用者之间的情感性联系。

从理性的角度看，这样的设计是缺乏日常生活和需要基础的。由于后现代设计表达的意义完全脱离了与产品本身意义的联系，这使其显得更像强调精神功能的艺术品，而不是强调使用功能的工业产品。

 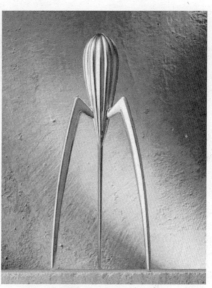

图1-6 柠檬榨汁器

图1-6是菲利普·斯达克1990年设计的名为 Juicy Salif 的柠檬榨汁器,在全世界大量销售,右边为其2000年金质限量版。人们实在无法理解:这样的形式是如何出现的。而对于购买它的人而言,这主要是一件功能性的小雕塑,并不需要过分强调其实用功能,如人戏言的:"它存在的目的,并不是为了榨千百万个柠檬,而是想让一个新上门的女婿能和岳母有些饭后的谈资"。

然而从另一种价值取向去看待这种方式的语意传达,那么它仍然有其合理性。因为随着科技的高速发展和经济水平的实质性提高,当代社会的人际交往风格已经开始向感情交往的方向发展。生活品质越高,这种情感反应就越强烈。"如在以往的人的情感交流中,礼物除了充当情感载体外,还有经济及实用的价值意义;而在高科技发达的条件下,诸如鲜花类的礼物纯粹只是一种表达感情的方式,至于其经济价值与使用性对交往主体来说是不重要的,情感交往在这里采取了比较纯粹的形式,礼物成了真正的感情友谊的载体。由于在改造自然过程中人类极大地解放了自身,个体的自我价值可得到充分实现,使人本主义得到进一步发扬,关爱生命、珍惜健康成为生活主题。"在这种背景下,在消费者的心目中产品的内涵意义也逐渐发生着根本性变化,以往的消费者更关注于产品的功能性意义,现在则更关注产品的情感性意义。因此,在保证功能性意义的前提下,使产品融合更丰富的情感性意义不能简单地被斥为哗

语意的传达
Semantic Communication

众取宠的无实际效用的行为。这种从使用者情感需要角度出发进行的设计尽管不是从产品和使用者的功能性沟通出发进行考量,但是它考虑到了使用者的具体使用状况和需求(图1-7)。

图1-7 千变万化的斯沃琪手表,是功能的载体,更是情感的载体。

第二章 初步认识设计符号

第一节 符号的概念

符号(sign)，汉语里又称记号、指号、代码等，从词源上考察,(sign)系来自古法语(sign)。在日常生活中，符号一般是指代表事物的标记，比如用来代表一个人的姓名和身份证号码，便是符号。

生活在资讯时代的我们应该比历史上任何年代的人都深刻体会到符号的价值和力量，因为任何信息都是由各种符号构成的。如果没有符号的存在，信息的传播将成为不可能完成的任务。可以说，符号是今日社会高效联系的基础，而我们每个人都生活在符号帝国中。

而将符号的概念扩展到学术范畴后，那么，看似寻常的符号却包含着深刻的内容，其概念的界定可谓人言言殊。正如对于符号学的发展贡献颇大的法国哲学家罗兰·巴特（Roland Barthes）在《符号学原理》(Elements de

语意的传达
Semantic Communication

Semiologie，1964)中所言："记号这个词出现在(从神学到医学)各种不同的词汇系统中,它的历史也极其丰富(从福音书到控制论),不过这个词本身含义却很模糊。"不过,尽管各人对符号的具体定义见仁见智,其基本思路还是一致的,大致说来:

首先,符号是一种有机体能够感受到的非实在刺激或刺激物,如烟火、气味、声响、语言、文字、绘画、图片等等。强调"非实在",则是为了将符号与那些实在的刺激区别开来。

其次,符号是两个事物之间的"代表"或者说媒介,是个"第三者"。比如,现代的广告就是各种符号的组成,它只是"代表"商品本身来同顾客沟通。

最后,也是最重要的一点,无论有意还是无意,符号总显示着某种意义(meaning),总与意义形影不离。也就是说,没有无意义的符号,也没有不寓于符号的意义。正因如此,传播学研究通常都把符号视为传播的元素或要素。

我们可以借助一个常见的符号来帮助理解概念,如图2-1所示,这是一个意指男性的符号。

首先,它是一个刺激物,并且与指示物(男性)相比,它是一个抽象性非实在的刺激物(按照符号学的理解,符号是存在于人头脑中的概念或观念,而不是实物。毕竟,无论我们如何精细地表达客体,都不可能与客观物理的形式取得完全一致);其次,它是一个媒介,代表真实的物,与人进行沟通;再次,它显示着特定的意义:男性或与男性有关。

图2-1

第二节 符号模型

语言学家与符号学家们为了更为清楚而直观地表达各自对于符号概念的理解,一般都用符号模型来描述符号,由此衍生出了如今被用来描述符号的一些基本术语。基于具体理念的不同,可以有多种符号模型,其中主要有符号三元一体模型(语意三角)和符号二元一体模型,但其核心内容仍是一致的。

1. 三元一体模型

在符号三元一体模型里,符号是能指、所指、指涉物这三者的全体指称,其中:

能指(signifier,或译为符征),也可称为符号载体:符号所采用的形式,亦即可辨识、可感知的刺激或刺激物。在产品中可以认为是产品造型的表现形式(包括形态、结构、表面处理等)。

所指（signified，或译为符旨）：符号所表达的意义、意思，或者说能指所代表的"意义、意思"，如文字所表达的意义。

指涉物：能指所代表的具体事物，如"树"这一字所指的现实中"树"这一具体事物。

符号的语意三角是用来澄清能指、所指、指涉物关系的模型（图2-2）。由皮尔斯提出：

表象物(Representament)：符号所采用的形式；

诠释(Interpretant)：诠释者心中对于符号意义的把握；

物(Object)：符号所指涉的对象。

在这里，表象物类似于能指；诠释类似于所指；物即指涉物。

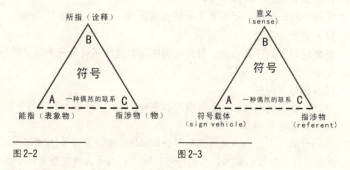

图2-2　　　　　　　图2-3

对于皮尔斯的符号模型一般被表达为"符号三角"。如图2-3的版本亦是经常看到的一种，虽然其术语做了更改。

符号载体（Sign vehicle）：符号的形式；

意义（Sense）：由符号产生的意义；

指涉物(Referent)：符号代表的客观对象。

2．二元一体模型

如果舍弃指涉物，则表现为符号的二元一体模型，即指符号等于能指"载"所指。符号二元一体模型（如图2-4）是由著名的瑞士语言学家索绪尔（Ferdinand de Saussure）提出的，而符号研究中普遍采用的"能指"和"所指"的术语也由他发明。这一模型的结构显得比三元一体模型更为简化。

一个事物成为符号所要具有的要素，其中最为重要的就是能指（符号的形式）和所指（符号的意义），两者不可分割的联系在一起。用索绪尔的话说：能指和所指就像一张纸的两面，是紧密联系的。当我们运用符号的时候，这两者是作为整体同时同位地出现在我们的思维中，这样我们才可能运用符号进行思考与沟通。因此，人类使用的各种符号并不是我们所熟悉的客观物理事物，而是我们的思维产物，是一个非实在的心理建构（mental construct）。

在后面的内容中，为了方便理解，我们不妨就将符号通俗地视为形式（能指）和意义（所指）两部分构成的机构。

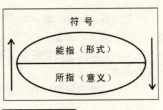

图 2-4 符号二元一体模型

第三节 符号的分类

1. 按照指涉范畴分类

依据不同的标准，符号有不同的分类方式。

（1）听觉与视觉

最简洁明了的分类方式，就是按照感觉方式而将符号分为听觉符号和视觉符号两大类。

（2）信号与符号

动物所面对的信号和人类所面对的符号，是另一种基本的符号分类方式。

（3）语言与非语言

符号分类，常见的当属语言符号(verbal)与非语言符号(nonverbal)的区分。语言可以说是我们最为熟悉的符号范畴，它对于人类的重要性不言而喻，对于符号的系统性研究也肇始于语言学研究。

北京大学跨文化传播研究的学者关世杰先生，曾对非语言符号进行了如下直观而详尽的分类，如图 2-5 所示：

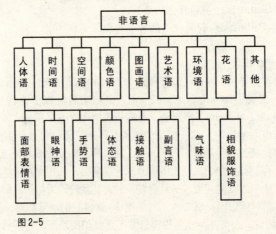

图 2-5

这些符号都是我们在进行产品语意传达时可以借助的符号范畴。而从设计符号的范畴出发，我们可以采取如下分类（图2-6），产品符号则属于图像符号的一种。产品符号属于非语言符号范畴，主要涉及视觉符号中的图像符号，也可能涉及非视觉符号（比如听觉符号的提示功能）。

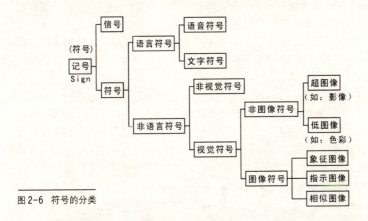

图2-6 符号的分类

2．按照符号形式（能指）与指涉物之间的关系分类

皮尔斯曾提出过一个基本的符号分类，在后来的符号研究中被广泛地应用。但现在，这种区分并非作为清晰的符号类型的分类来使用，而是被看作符号形式和它的指涉物（或意义）之间"联系方式"的不同。三者在意义表达上具有不同的功能，如表2-1所示。

	象征（Symbol/symbolic）：这种模式的符号形式与指涉物之间没有相似性，符号形式和意义之间也无必然联系，而是根本上任意的或者纯粹制度化的（依照一定的传统习惯）——因此这样的联系必须经过学习获得。比如语言、数字、交通指示灯、国旗等等，可以说象征符号是纯粹文化的产物。
	图像（Icon/iconic）：这种模式的符号形式被认为对指涉物具有相似和模仿的性质。比如肖像画、卡通画、隐喻、图像文字等等。
	指示（Index/indexical）：这种模式的符号形式不是任意的而是直接以某种方式（物理的或者出于某种原因）与指涉物相联系——这样的联系可以观测或推断。比如"自然符号"（烟雾、雷声、足迹、回声、天然的气味）、病理症状（疼痛、脉搏）、测量工具（风标、钟表、温度计）、信号（敲门声、电话铃声）、指示箭头。

表2-1

语意的传达
Semantic Communication

(1) 象征符号

语言就是我们最为熟悉也是最为典型的"象征符号"系统,一种更加明显的象征符号系统的例子是数学。它们的总体特征是,符号的形式(能指)和意义(所指)之间无必然的联系。我们是根据规则或者约定俗成来解释象征。一个象征是"一个制度化的符号,或者是一个依靠习惯的符号"(后天获得的或者是先天就有的)。

图2-7重檐庑顶(屋顶形式),在我国古代建筑中象征着较高的等级和地位。图2-8 帕提农神庙(The Parthenon),希腊的象征,也是古希腊灿烂建筑文化的象征。

产品设计作为现代文明和文化的产物,自然会涉及到象征符号的运用。

如图2-9,遥控器中使用的各种拼音文字、生产公司的标志、图标(比如表停止的"■")都是象征符号。图2-10中心形是爱情的象征,♀和♂分别是女性和男性的象征。在产品语意学中,便可以通过这种象征意义的传达来暗示产品的功能,比如这一钥匙圈便清楚地表明它们是为情侣们准备的。

图2-7   图2-8

图2-9   图2-10

图 2-11 是雅各布森（Arne Jacobsen）1958 年设计的蛋椅，以其充满趣味性、优雅生动的形象而广受欢迎，成为那个时代新生活方式的象征。

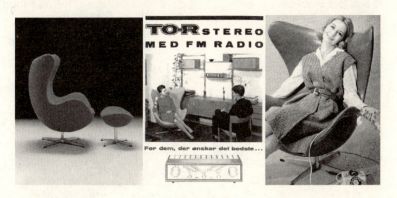

图 2-11 蛋椅

（2）图像符号

一个图像符号主要通过相似性来表现客体。每一个产品在人们的头脑中都是一个图像符号。皮尔斯认为："每一幅图片（无论其表达方式如何制度化）都是一个图像符号。图像符号具有与它们所表现的客体相似的性质，它们刺激着头脑中的相似的感觉。"不像指示符号，"图像符号和它所表现的客体之间没有动态的关系。"

而如果只是因为一个符号形式与它描绘的客体相似，那么它不一定就是纯粹的图像符号。图 2-12 是分别给男、女使用的香皂，图 2-13 的龙虾图案，虽然都是建立在相似性基础上，但在这里更具有指示符号的提示功能，提示着产品的用途。

图 2-12   图 2-13

语意的传达
Semantic Communication

设计中隐喻的运用便是借助了另一个图像符号（如图2-14中的蛇）来进行意义传达。图2-15是以"卷心菜"外形制作的器皿，设计思路朴实贴切，能增加用餐者的食欲。

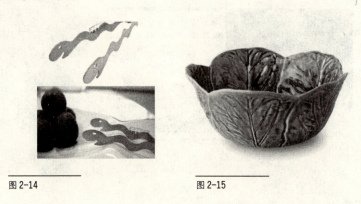

图2-14   图2-15

(3) 指示符号

指示符号是一种比较隐蔽的符号类型。

指示符号和它的指涉物之间的联结是真实存在的，这是一种真实的联系，并且可能是"直接的物理性联系"。形式（能指）和意义（所指）之间必须具有一些共同的性质，符号形式是真实的受到符号意义影响的，而不可以完全脱离意义来进行建构。但是这种关系不是建立在单纯的相似性基础上的，指示性关系和它们的指示物之间没有意义重大的相似之处。相似性无法用来定义指示关系。

总之，指示符号是一种较为独特的类型，它可以被视为单纯的关联实体，是建立在关联的基础上的。而这种关联性容易被掩盖在物质形式之下，需要通过观测和推断获得。并且，这种物质形式本身的意义在我们进行推断时会起作用，比如我们看到一个动物的足迹或者闻到某种花的气味，我们需要首先理解其中的意义（这是某动物的足迹、这是某种花的香味），然后我们才可能根据经验进行推断，获得其中包含的指示性意义（这附近有这种动物出没、附近有这种花存在）。而当我们对这种关联性熟悉之后，其中包含的指示性意义就变得自然而然，好像不需要经过推断获得似的。对于自然符号而言，指示符号的物质形式是一些确定的天然痕迹；而对于人为符号，指示符号的物质形式便不是确定的了，它可以根据人们的意愿有所变化，而其指示性意义不变（比如一个指示性的箭头，便可以有多种的表达形式，而其指示性意义不变，如图2-16所示）。

在我们的日常生活中，这些人为的指示符号的表现形式可以是图像性的，也可以是象征性的（如图2-17）。这使其看起来好像是一个象征符号或者图像符号。因此，指示符号容易被掩盖在特定的象征和图像形式之下，其指涉性显得比较隐蔽。

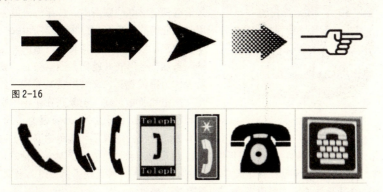

图2-16

图2-17

然而指示符号这种建立在真实关系基础上的联系方式是无法用其他两种类型的符号替代的。产品中的按钮（如图2-18）就是典型的指示符号，与内部元件相联系。

图2-18 可视门铃

第四节 符号的基本属性

1．符号的任意性

任意性和制度性是符号最基本的属性。

符号任意的天性是语言的第一原则。对于符号的任意性——更为明确的是符号形式（能指）和意义（所指）之间联系的任意性——的认识，将有助于我们理解符号的多样性。

语意的传达
Semantic Communication

图2-19

我们还是用最为典型也是我们最为熟悉的语言符号来解释符号的这一属性。在语言中，一个语词，比如"tree"，其符号形式与其包含的意义或者它的指涉物之间是没有任何必然的联系的。如果一开始就用其他任何的单词（比如"bree"、"cree"）来替换它，我们也只能将其当作惯例来接纳。虽然符号形式（能指）通常被它的使用者作为指代着其意义（所指）看待，然而在能指和所指之间（也就是在语词的形式和它所指涉的概念之间），不是必然的、固有的、直接的或者不可避免的联系。因此，理论上说，这样的联系是任意性的，语言可以看作是具有绝对任意性的符号。这一属性从全世界各个国家各个地区语言的多样性上就可见一斑。当然，其他象征符号（比如数学符号）也具有这种属性。

图像符号虽然没有象征符号那样具有近乎绝对的任意性，但具有多个层级的任意性。如图2-19中的拟人化图标，虽然经过了高度抽象，但我们仍然能理解其意义。

而指示符号由于存在能指与所指之间真实的联系性，因此最缺乏任意性。

指示和图像符号的形式可以认为更加受到其意义的约束，而象征符号的意义则更多的为其形式的范围所限制。

2. 符号的制度性（社会性）

显然，就象征符号而言，如果按照任意的属性，可以以任何的方式进行表达，那么它的交流功能会被摧毁，就如不同的语言体系已经给我们带来了交流的困难。事实上，任何符号在进入历史境况之后，就无法任意地被改变了。作为它的社会功能的一部分，每个符号获得了一个历史并且具有自身的内涵，它们是为每一个符号使用文化的成员所熟悉的。符号的任意性原则绝不意味着个人可以选择任意的符号形式去指涉给定的意义。

也就是说，符号的任意性原则从来就不属于个人，而是属于社会的，它依赖于社会和文化的习惯。一个符号对于我们有意义是因为我们集体的认可它如此去做。

日常生活中的大量事物几乎都是这样集体认可的符号，一把椅子、一个热水瓶、一条领带，没有文化的沉淀和约束我们将不可能对其进行识别，沟通也就无从谈起。

相比较而言，象征符号在具有绝对任意性的同时也需要最大程度的制度性去约束；指示符号由于本身缺乏任意性，因此并不需要太多的制度性去约束。而比较复杂的是图像符号，我们可能认为图像符号并不具有这样的制度性，因为它看起来就像是对现实世界的真实反映。但事实上并非如此，图像符号同样受到文化习惯的约束，只不过其中存在多个层级的制度性。

如图2-20，我们能够立刻理解这些图标的意义，是因为借助了文化惯例（比如对于抽象表达方式的习惯认知，对于人体结构、裙子和轮椅形式的熟悉）。

图2-20

比如，同是绘画，中国画和西方传统写实绘画之间就存在很大的差异性。现代各种绘画风格在表达现实世界的时候也存在着巨大差异。而在电影中，因不同拍摄和叙事风格形成的差异性同样是巨大的。产品设计中不同程度和风格的隐喻的运用，也体现了这种状况。这种差异不是描绘对象上的差异，而是文化法则所确定的表达习惯的差异，我们需要通过学习才能认可和运用这些符号。

法国新艺术运动大师赫克托·吉马德（Hector Guimard）在1899~1905年间，为巴黎设计了一系列具有新艺术装饰风格的地铁入口处，如图2-21，大量运用了植物茎叶、海贝等动植物形象作为其形式元素，虽然师承自然，然而其表现风格显然摆脱不了当时的表达习惯和文化法则。

美国装饰艺术运动时期的装饰图像，与新艺术风格相比，同是图像符号，却迥然不同，前者自然柔美，后者更为华丽抽象，不同的表达习惯和文化法则决定了其中存在的差异性，如图2-22。

图2-21

图2-22

语意的传达
Semantic Communication

总之，制度性是人类得以沟通的基础，也是人类联系的基础。如果事物只有任意性而缺乏制度性，那么就不能称其为符号，因为它们对于人类社区而言没有意义。

3．设计符号的多样性

符号的任意性和制度性原则加深了我们对于符号是人类思维产物（一个心理建构）这种观点的认识。符号形式的稳定性和意义的确定性是由人类文化的约定俗成性和制度性决定的，而不是客观物理性。语言学家E.萨丕尔和B.沃尔夫通过对美洲印第安诸语言的研究，提出了有名的萨丕尔－沃尔夫假说（SaPir–Whorf Hypothesis）：所谓"现实世界"，其实在相当程度上取决于人们所使用的语言。按照这一假说，人们都是按照母语所设定的方向来透视现实、把握世界的，语言犹如一面透镜，映照出不同的景观。于是，问题就不单纯是"现实如何语言如何"，同时也是"语言如何现实如何"。换言之，语言符号不仅是传播信息的媒介，同样也是认识世界的途径，而且更是建构现实的基石。

依据这样的观点，我们每天所面对的"现实"就不是必然如此的事物，"现实"并非独立于人类的纯粹客观的存在，而是一个符号系统。符号所构成的"现实"不是中立的和确定的事物。我们所使用的语言，所使用的产品，所居住的建筑，可以是这样，却也可以是另一番模样。没有任何的符号形式天然地比其他形式更加适合于意义。

符号的任意性确实可以帮助我们来思考符号的多样性。对于产品符号而言，尽管由于种种因素的限制（比如加工条件、内部元件的制约），其任意性同样存在，具有极大的相对任意性。因此，产品符号是完全可以具有更多样形式的。从现代设计史来看，任何一种造型风格语言都是人类思想的结晶。而现代主义单一刻板的形式语言、简单的几何形式、中性的色彩形式也并不是天然地就最适合于产品造型的。

今天人们更关注于符号是如何游走于制度性和类似性之间的。在产品语意性设计中，设计师同样需要认识到符号的这种基本属性。

图2-23

手机的按键（图2-23）在不妨碍其使用功能和象征性识别（识别其按钮的身份）功能的前提下，其形式可以多种多样。

第五节　符号的功能

我们一般会把符号的象征、图像和指示认为是"符号的类型"，但其实它们不是互相排斥的。因此，在现实中如果把它作为一种确定的分类方式去界定具体的符号时，就会遇到困难。因为一个符号可以是象征性、图像性和指示性的，或者任何形式的联合。这三种形式"在某个层级会共存于同种形式，并且不可避免地其中一个主导着另外两个。"为此，我们必须将象征符号、图像符号、指示符号和象征性、图像性、指示性概念区别开来（表2-2）：

类　型	联系方式
象征符号	可能包含三种联系方式，但以象征性为主导，缺乏图像性和指示性
图像符号	可能包含三种联系方式，但以图像性为主导，缺乏象征性和指示性
指示符号	可能包含三种联系方式，但以指示性为主导，缺乏象征性和图像性

表2-2　符号的联系方式

符号可以随着时间而改变其模式。历史证明，语言符号有着从指示和图像形式向象征形式演化的趋势，汉语这样的图像文字在人们的观念中也逐渐成为一种象征形式。再比如我们熟悉的洗手间门上标示"男""女"的符号，它看起来似乎只是个图像符号，然而在人们的观念中它已经逐渐成为了一种指示符号。

因此，三种符号的区分更是建立在人们对符号的功能目的上的，一个符号是象征的、图像的或者指示的主要依赖于符号的使用方式，必须考虑到它们所处的特定使用情境中使用者的目的。基于不同的功能性目的，我们会运用不同的联系法则（表2-3）。一个符号可以被一个人认为是象征的，而被另一个人认为是图像的，同时被第三个人认为是指示的。就如肯特·格雷森（Kent Grayson）所说："当我们谈及一个图像、指示或者象征符号时，我们不是指涉符号自身的客观性质，而是指涉解读者对于符号的体验。"

联系方式	能指与指涉物之间关系	联系法则	意义	符号功能
象征性	无直接必然联系	文化法则（制度性法则）	象征意义	象征功能（文化归属）
图像性	相似性联系	相似法则（类似性法则）	相似意义	美学功能（美感体验）
指示性	有直接必然联系	指示法则	指示意义	提示功能（提示引导）

表2-3　符号的联系法则

这样，一个产品符号虽然一般被归为具有美学意义的图像符号，但它同时可以具有其他符号功能（图2-24）。

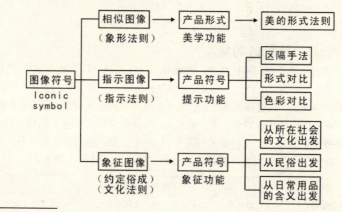

图2-24 符号功能

图2-25

一般而言手表是个指示符号，具有指示时间的功能，我们能从中阅读出时间；但如果是"劳力士(Rolex)"手表，那可能更是身份地位的象征；而如图2-25所示的"斯沃琪(swatch)"手表，则是爱情的象征。它们都更具有象征功能。

在产品符号理论中，我们便可以有意识地通过符号的这种性质，借助其他符号的功能，使一个产品形式在使用功能（物理功能）和美学功能之外具有更多的符号功能（提示功能和象征功能）。

总之，符号能指和所指之间的关系是动态的，而不是静止的。象征符号、图像符号、指示符号的概念则有助于我们去认识两者之间的关系，指导我们根据不同的情况、不同的功能要求采用不同的符号形式。

第三章 产品语意

第一节 产品语意概述

产品语意是指产品形式可具有的符号性意义，它是通过符号关联所表达和产生的，比如产品形式的指示性意义和象征性意义。

符号并不只是个体的概念，符号是我们组织意义的最基本的单位或元素。在我们的生活中，符号的意义是由符号关联产生的。这种关联性体现在许多方面，比如在语言中，字母组成了字词，字词又组成句段，最后，句段组成了完整统一的文本（text）。而一个字词的意义需要和发音、拼写等规则联系起来，需要和句段、文本中的其他字词联系起来，也需要和特定的使用情景联系起来才能产生。因此，这种符号关联状况下存在的符号，既可以是单字、单词概念的，也可以是由多字、多词组成的文本的一个部分。

虽然产品符号属于非语言符号，和语言符号存在一定的差异，但在符号

语意的传达
Semantic Communication

学分析中，一般仍根据习惯对其进行类似的理解和分析，一个产品便如一个文本，它可能由若干字词和句段组成（罗兰·巴特在其著作《流行体系：符号学与服饰符码》中便对服饰符号系统进行过类似的分析）。

第二节　外延意义与内涵意义

产品符号研究的兴起是产品设计师有意识的运用产品形式的符号功能的开始。如果我们要使产品形式传达出预期的语意，就需要对符号意义本身的性质有所了解，以便有的放矢地进行语意性设计。

一般认为，符号的意义包含了外延和内涵两个部分。

在符号学中，内涵和外延是用来描述符号形式（能指）和符号意义（所指）之间关系的术语，并且，分析的区别是建立在两种类型的意义之上的：外延的意义和内涵的意义。符号的意义是外延和内涵的有机统一。

外延（Denotation）：是符号具有的那些确定的、显在的或者常识性的意义。就语言符号而言，外延是那种辞典上努力规定的意义，如电视在外延上代表"可提供声音、影像的电子产品，包括屏幕及喇叭"。

在产品设计中，常以功能的描述，使被指涉事物具体化；久之，产品造型与功能便形成互相对应的因循法则，即"形式追随功能"。因此在产品中，外延指的是产品在表达使用上的目的、功能所藉助的形态元素或事物，也即产品的物理属性，包括功能、操作方式、规格等。

内涵（connotation）：这个术语通常指符号中包含的社会文化和个人的联想（意识形态、情感等等）。这些都与解读者的阶级状况、年龄、性别、种族等等有关系。符号的内涵要比它的外延更加多维，更加敞开。在设计中，常以传播上的需要，赋予产品特定的属性，如电视在"内涵"上代表的是"提供休闲的产品"或"传播信息的管道"。因此在产品中，内涵指的是产品作为一种传播的媒介，在表达象征性功能时所呈现出来的属性。

与外延相比，内涵并不使得产品和其属性形成固定的对应关系，这是因为对于不同的解读者，产品将被赋予不同的意义；比如电视机对部分人而言，可能代表"愚弄大众的工具"，"打发无聊时间的工具"。

可以说，产品符号内涵的产生是建立在人们的有意识的联想基础上，体现着产品与使用者的感觉、情绪或文化价值交汇时的互动关系，而不像外延那般通常表现为无意识的反应。所以，形式本身以及使用情境的暗示就显得非常重要。

比如同是正装或休闲服，在一个要求穿正装上班的公司里，当某人穿着西装出现时，他的穿着是合乎标准的，同事不会意识到它可能蕴含的内涵意义。而当他有一天穿着牛仔、T恤出现时，同事就会对其服装表现出关注，内涵意义随之产生。而在一个较为随意的休闲场合,情况则会相反。

可见,符号的外延是较为理性的意义,而内涵则具有不稳定的非理性成份。如图3-1所示,产品形式的外延和内涵可大致理解为:

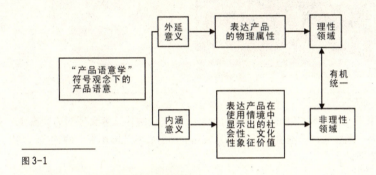

图 3-1

图 3-2

如图3-2,迪特·兰姆斯(Dieter Rams)1961年为德国Braun公司设计的三波段收音机。其外延意义和内涵意义见表3-1所示:

产品形式的外延意义	防护收音机内部元件的形态元素(立方形外壳)、具有调节功能的形态元素(旋钮)等的联合
产品形式的内涵意义	内涵意义会根据解读者以及所处时代背景的不同有所差异:比如通过类似物的联想产生简约、冷峻、理性、秩序或者时髦(对于那个年代的人而言)、老式、古板甚至怀旧等意义

表 3-1

如图3-3所示的摄像头,其外延意义和内涵意义见表3-2所示:

产品形式的外延意义	摄像头外部元件的形态元素的联合
产品形式的内涵意义	通过类似物的联想产生活泼可爱等意义

表 3-2

图 3-3 摄像头

图 3-4

由于产品功能的固有性，我们也可以将产品的外延意义理解为固有意义，而内涵则是增添意义。前者较为狭隘，而后者的范畴则要广阔的多，如图 3-4 所示。

第三节 内涵意义的产生

1. 内涵意义由另一符号产生

为了清楚地表达外延意义和内涵意义如何共存于一个符号之中，许多符号学家都采用了路易斯·叶尔姆斯列夫（Louis Hjelmslev）所定义的内涵符号学的概念，将内涵和外延根据层级的表达和层级的意义来表达。叶尔姆斯列夫用"表达"和"内容"来分别指涉文本的形式和文本的意义，其形式如图 3-5 所示：

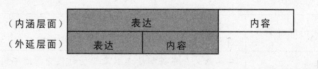

图 3-5

罗兰·巴特将其称为不同序列的表意（图 3-6）。虽然和叶尔姆斯列夫的表达存在差异，但两者的基本概念是一致的。

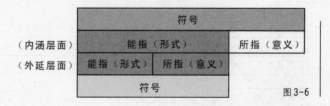

图 3-6

第一个序列的含义是外延；在这个层面上，有一个由形式和意义组成的符号，内涵是第二序列的含义，它使用外延符号（形式和意义的整体）作为其形式的基础，并且与它的额外的意义（内涵）相联系，如表3-3所示，人的表情表达的内涵意义：

图3-7

变化的表情		喜怒哀乐（内涵）
脸的形式	脸（外延）	

表3-3

如图3-7的咖啡勺设计便运用人的表情符号，产生了不同的内涵意义。类似地，我们就可以对产品符号进行分析，如表3-4，其外延与内涵的关系为：

形 式		简约、冷峻、理性、秩序、经典、老式、刻板、单调、缺乏人情味、男性化等（内涵）
经验中的形式	收音机外部元件的形态元素的联合（外延）	

表3-4

2．内涵的来源

我们可以得出这样的观点：一个符号虽然可以表达一个事物，但却可以是一个负载着多重意义的装置。这样的符号可以看作源于另一个符号的形式或者另一个符号的意义的新的符号，额外的内涵意义是由另一个符号的意义产生的，比如人的面部便是通过喜怒哀乐的表情符号传达内涵意义。

人类的任何认知活动都必须借助于复杂的有关形式与意义对应关系的社会约定，它实际上是我们贮存在头脑中的有关世界的知识经验体系。为了认知上的清晰明确，人们往往通过分类方法使——对应（如表3-5）。

		意义的基本分类
人为	人文	神话传说、历史、宗教、哲学、社会礼制、美学等
	人造物	器物、纹样等
自然	生物	各种动物、植物
	其他自然景物	非生物、天文地理现象等
	抽象自然现象	时间、方位等

表3-5

语意的传达
Semantic Communication

由于符号本身具有的形式和意义的统一性，因此这些意义都有其相对具体而确定的表现形式。这样，我们便可以借助其他意义范畴的符号形式使产品这样的人造物具有其固有的外延意义之外的内涵意义。这种状况在高度隐喻的产品中体现得最为显著，而抽象的形态色彩等形式体现的意义也可以认为是产品符号内涵意义的来源。

图3-8

如图3-8，茶壶的内涵意义是通过哨子、蛋等形象及其他的形态、色彩和质感等形式元素产生的。

3．改变符号的形式可产生内涵

对于符号外延和内涵意义的拆解在理解上是较为困难的，这是哲学中后现代思想对现代主义思想进行解构的重要组成部分。但无论如何，只要我们有意或无意地借鉴并引入其他符号的形式，或者说改变一个符号的形式同时保持相同的外延意义，便可以产生不同的内涵意义。比如语词的选择常常产生不同的内涵，而改变字体或者音调也可以包含不同的内涵（如图3-9）。另一个明显的例子是摄影，当拍摄相同的景物时，采用不同的拍摄方式，如彩色/黑白、柔焦/写实或者特写/远拍等，照片便会产生不同的内涵。这就为设计创意提供了启示。

设计本身必然包含着产品形式的改变，所以，内涵意义的产生也是必然的。内涵意义是将具有同样功能（外延意义）的产品区别开来的关键。由于内涵意义对于今天的产品来说显得越来越重要，因此如何有意识地使产品具有独特且具价值的内涵就成了设计师需要考虑的问题。

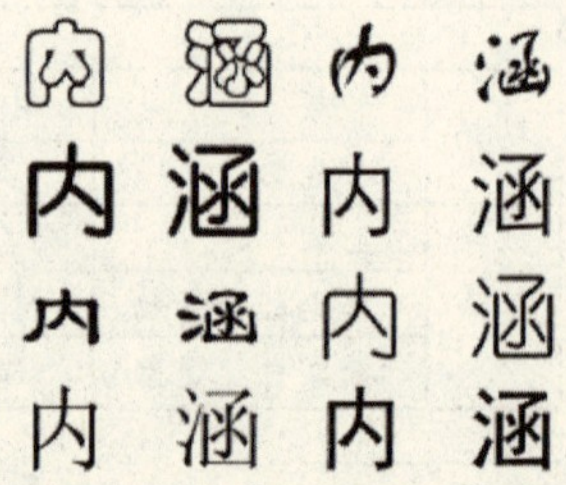

图3-9

而从操作上来看,即把第一序列符号的形式和意义构成的整体符号(外延层面)当作第二序列符号(内涵层面)的形式。这暗示着外延是根本的和初级的意义。而第二序列符号的形式和意义之间联系的自由度就是文本作者的自由度了,并由此产生不同的内涵。以人的形体语言为例,身体是个外延的概念,然而其可表达的情态姿势却可以千变万化。

比如当设计一把椅子的时候,我们首先要考虑到使一个符号体现出"椅子"的基本的外延意义,即椅子的基本功能性意义的满足,这是它成为一把"椅子"而不是其他物品的基础。这是第一序列的表意,见表3-6。

而在第二序列上,我们将"椅子"这一符号作为整体来当作符号的形式,而将其设计成怎样的形式,可由设计师自由发挥,使其具备怎样的意义,也可由设计师支配。这些都体现了设计师创意的自由度(图3-10)。

变化的形式		椅子的内涵(具自由度)
经验中椅子的形式	不同功能的各种形态元件的联合(椅背、椅面、椅腿)	

表3-6 椅子的外延与内涵

图3-10

并且,两个符号是通过形式或者意义上的关联性而联系起来的。比如,通过隐喻性表达就可以产生内涵,隐喻是通过两个符号形式上或者意义上的类似性产生联系的。

其中:F 为 "形式"(Form)
　　　M 为 "意义"(Meaning)
　　　R 为 "关系"(Relation)

[基于形式的关联]

第二层次(内涵)　　　F　R　M
　　　　　　　　　当作↑↓拆解
第一层次(外延)　　　F R M

或
[基于意义的关联]
第二层次　　　　F　R　M
　　　　　　　　　当作↑↓拆解
第一层次　　　　　　　F　R　M
比如：
[基于形式的关联]

图 3-11　蛋形壶盖提手

第二层次　　　橙色蛋形形式（F）　　R　　生动活泼、圆润可爱等（M）
　　　　　　　　　　　当作↑↓拆解
第一层次　壶盖提手的形式（F）　R　壶盖提手的功能（M）

　　橙色的蛋形和壶盖提手的功能意义没有什么关联性，但是通过形式上的关联性两个符号被联系了起来（图 3-11），壶盖提手的内涵由橙色蛋形联想产生。
或
[基于意义的关联]

图 3-12

第二层次　　哨子的形式（F）　　R　　发出啸声（M）
　　　　　　　　　　　　　　当作↑↓拆解
第一层次　　　　　　　　　壶哨的形式（F）　R　发出啸声（M）

图3-12壶哨的功能意义（外延）本身是不明确显现的，为了使其明了，设计师用功能意义上类似并且我们更为熟悉的哨子的形象替代壶哨的形象，以诙谐的方式通过内涵意义的产生起到暗示作用，召唤出了缺席的功能意义。

第四节　现代主义设计关注产品的外延而忽略了内涵

显然，现代主义者通过损失产品的内涵来将目光聚焦在了产品形态的外延意义——物理的功能属性上，而与使用者心理和社会文化相关的内涵意义被忽略了。现代主义通过排斥多元丰富的形式语汇，运用高度简化和一致性的功能性形式语汇，使产品变得千篇一律（图3-13）。

但是现代主义设计不注重内涵并不表明其不产生内涵，现代主义形式语汇对于简单几何形式等的借鉴使其必然产生相应的内涵。由于内涵的非稳定性，随着人们生活水平的提高和文化意识的转变，现代主义风格产品形态的内涵意义已经由积极性的科学、民主、经济、实用、富于时代感逐渐转向了消极性的刻板、单调和缺乏人情味（见表3-7）。这样的状况就像这个世界的每个人永远都是一副冷酷的表情，造成人们精神体验上的匮乏也就成为必然。

图3-13

图3-13　迪特·兰姆斯（Dieter Rams）1960~1978年设计的一系列典型现代主义风格的产品，全部为黑色、几何的形式。

现代主义产品的初始内涵	科学、民主、经济、实用等
现代主义产品的嬗变内涵	专制、刻板、单调和缺乏人情味等

表3-7

然而产品的使用者在享受产品的物理功能的同时，也同样需要产品提供精神文化层面的非理性意义。这就需要设计师对于产品的内涵加以关注，而不是仅仅将目光集中在外延层面。

第五节 产品语意学的目标是通过其他符号使产品传达出特定内涵意义

符号的意义包含了其外延和内涵部分。然而在现实中,符号的外延往往掩盖了内涵而出现在了首要的位置,内涵容易被我们所忽略,显得无关紧要。

比如我们通常会毫不含糊地说"买了台电脑","买了一部手机",无论"手机"或者"电脑",都只是一个外延,即使更详细些的品牌、技术参数、价格描述,也仍然是外延性的,内涵似乎不存在,或者被有意无意地忽略了,显得并不重要。这些都被我们理所当然地接受了。

但这并不能表明内涵对于符号而言就真地显得无关紧要。内涵的重要性不言而喻,尤其是在这个市场日益分化、讲求人性化、差异性消费的时代,更需要我们去理解和发掘其潜在的价值。而从根本上来说,产品符号理念便是希望赋予产品更多、更明确的内涵,以增添产品的附加价值。从今天消费者对于产品的需求来看,其价值取向已经不像过去那样单纯。除了基本物理功能的良好,消费者还有更多内涵层面的要求,比如操作是否简便易懂,产品是否能够体现出自己的个性趣味等。而后者正越来越多地起到左右消费的作用。

如前所述,符号的内涵是通过另一个新的符号的意义产生的,这样,我们就可以借助新的符号意义使产品形式表达出额外的象征性意义和指示性意义。而在文本层级,我们则可借助典故(社会文化经验)来产生情感功能(慰藉功能),如图3-14。

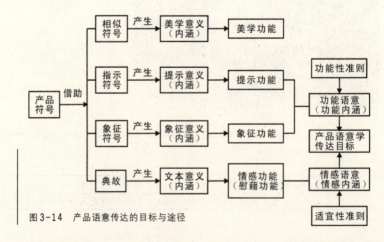

图3-14 产品语意传达的目标与途径

此外,新的符号形式还会附带着产生美学意义,尽管它不是产品符号研究中所关注的意义。

第三章 产品语意

通过隐喻性设计，图3-15中牙刷的意义不再囿于单个产品符号所固有的功能性意义，还与使用情景联合传达出了情感性意义，早晨起来刷牙时看到的仿佛是一棵充满生机和活力的绿色植物，给人带来好心情。

这样便通过功能语意（功能内涵）和情感语意（情感内涵）的传达，由产品形象直接传达了产品潜在或缺席的外延意义和内涵意义（图3-16），以辅助解决产品可包含的某些因素。

图 3-15

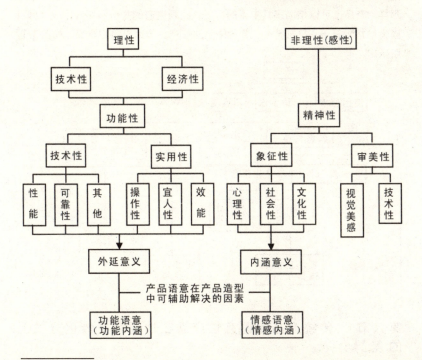

图 3-16

其一，可以通过功能语意（内涵）的传达召唤出产品本身无法直接向使用者传达的产品所固有的外延，即通过对产品的构造形态，特别是特征部分、操作部分、表示部分等的设计，表达产品的物理性、生理性功能价值。例如产品有哪些作用、如何正确进行操作、性能如何、可靠性如何等。对于功能与形态的联系强度大大削弱的电子产品，更有必要加强此方面的内容。这种状况下，产品的内涵意义和外延意义之间有着恰当的关联性，两者成为有机的整体。

其二，可以通过情感语意（内涵）的传达解释产品外延本身以外的东西。即产品在使用环境中显示出的心理性、社会性、文化性等的象征价值。例如产品给人高级、有趣、可爱的感觉，或通过产品感受文化象征性，或由一系列产品形象传达企业自身的形象等。这种状况下，产品符号只不过是其他东西的象征。而在表达内涵意义时，也最好与产品的功能属性也有所关联，这有助于使用者从产品形态语言中获取适宜的讯息，实现人机的沟通。

这就像我们借助语言、手势、表情等符号表达自己的身份、意图、情感那样，产品也可以借助多样丰富的符号方式表达它的身份和属性。设计师可以借助指示符号、象征符号、各种修辞法使产品传达出特定意义，如图3-17所示。

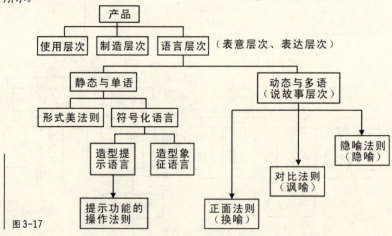

图3-17

第六节　传统产品和语意性产品在功能意义传达方式上的差异

传统的产品，其功能及使用状况都较为明显，比如通过自行车清晰明确的结构暗示，使用者通过观察和尝试便能较为清晰地了解产品的功能和使用状况，这需要一定时间的累积为前提。在人们的日常生活中，通过这种方式，久而久之便习惯性地形成了特定产品形式与功能之间的一一对应，成为了一个象征物。提起自行车，人们便会自然而然地联想到一个由三角形车架、两个轮子、把手等组成的事物，以及它是用来做什么和如何使用等内容。为此，现代主义者提出了"形式追随功能"的设计观点，认为哪里功能不变，哪里的形式就不变，通过排斥装饰性构件来保证产品身份的稳定和清晰。

因此，这种方式的认知是通过产品本身逐渐的符号化以及意义的外延化过程实现的，产品形式和意义之间的这种联系，不是天然的而是社会文化沉淀的结果，需要一段时间使这样的特定联系稳定下来，而使用者则需要通过认知经验的积累才能把握这种联系。生活中我们能够直觉地识别出一辆汽车、一个照相机或者一条领带、一个杯子，都是因为我们已经熟悉了它们的形式和意义之间存在的这种联系性。

然而，在如今科技飞速发展、产品日益多样化的状况下，使用者的这种被动性认知负担逐渐变得沉重并容易引起认知混乱。产品更新换代的高速率使使用者的认知经验变得缺乏稳定性和可靠性。尤其对于老人、孩子等使用者而言，这样的认知方式更加显得缺乏合理性和人情味。

而语意学的传达便是考虑到了这些问题，希望通过设计师的努力简化和便利认知过程，与传统产品借助时间沉淀来实现符号化的方式相对，语意性设计借助使用者已经熟悉的符号来塑造产品，通过产生内涵来召唤出产品的外延意义。这样，使用者就在产品认知过程中处在了主动诠释的位置，而不再是被动的接受，见表3-8所示。

	传统产品	语意性产品
意义属性	外延	内涵
理解程度	陌生	熟悉
借助方式	学习和适应	习惯和经验
使用者地位	被动	主动

表3-8

第七节　意义的意识形态层级

在这个时代，我们习惯性地将流行和时尚称为神话（Myth），这或许和罗兰·巴特对于资产阶级意识形态的解构有关。我们通常把神话与古典的寓言神话联系起来。但对于巴特来说，神话是我们这个时代处于主导地位的意识形态。

作为对叶尔姆斯列夫的模型的一种背离，巴特认为被称为外延与内涵的表意序列联合起来制造了意识形态（ideology），现在这已经被描述为"表意的第三序列"（a third order of signification）。

在他的极为著名的短文《今日的神话》（Myth Today）中，巴特阐明了神话的概念和原理：

它将历史转化为本真自然（it transforms history into nature）。神话是"偶然的、历史的，总而言之：是虚构的"，神话没有否认事物，相反，它的功能是去讲述它们；简单的说，它纯化了它们，它使它们显得天真无邪，它给了它们一个自然而永恒的辩护，它给了它们清楚明确的位置，它们不是一个解释，而是对事实的叙述……在由历史到自然而然的过程中，神话经济的伪装着：它废除了人类行为的复杂性，它带给我们简单的实质，它可以远离辩证法，不是立即显见而是回头再说，它组织了一个没有矛盾的世界……事物表现的好像意义是自我赋予的……

通俗的"神话"一词暗示它涉及信仰，肯定是虚假的，但是符号学对于这一词语的运用不一定暗示这一点。神话可以被看作扩充的隐喻。就像隐喻，神话帮助我们在一种文化中产生经验感觉。它们用来组织在一种文化中的可为人们共同使用的概念事物的方式。

对于巴特来说，神话有着使事物自然而然化的意识形态功能。它们的功能是使文化自然化，换句话说，就是制造支配性的文化和历史价值观，态度和信仰似乎全是"自然而然"、"标准"、自明、永恒、明显的"常识"性的，因此就是对事物存在方式的客观和真实的反映。当代的社会学家视社会大众可能会认为这种"自然而然"、"不言而喻"的性质为它们自己赋予自己的特权和力量，然而，罗兰·巴特把神话视作是服务于资产阶级（bourgeoisie）的意识形态利益的。他指出，"布尔乔亚意识形态……将文化转化为自然"。拉克夫和约翰逊认为客观主义神话的关键特征是它在西方文化中的支配地位和其深入人心性，"一个神话把它自己与科学真理、理性、精确、正直和公正联系了起来，这反映在科学的话语、法律、政治、传媒、道德、商业、经济和学识中"。

神话因此具有隐藏符号的意识形态功能的作用。

罗兰·巴特是通过拆解具体的资产阶级意识形态来阐述其神话概念的，但在广义上，神话则是指在特定时期对于一个社会群体来说占主导地位的意识形态。由此，符号的意义便可以被扩充为三个层级（通过三个表意序列），意义在外延和内涵层级上又可能存在意识形态层级（神话层级）。

三种表意序列之间的区别不是清晰的，根据描述和分析目的，许多理论家将其区别为遵循如下的排列。表意的第一（外延）序列（或层级）被看作是首要具象并且相对独立的（self-contained）。表意的第二（内涵）序列反映了"表现"价值，它是依附于符号之上的。在表意的第三（神话或者意识形态的）序列中，符号反映了主要的文化变量概念，支撑着一个特定的世界观。比如布尔乔亚、波希米亚、自由主义、个人主义、客观主义、虚无主义、结构主义、环保主义等等。

第三章 产品语意

我们可以通过一个标志符号来帮助理解意义的外延、内涵和意识形态层级。如图3-18是我们熟悉的苹果公司的标志,它必然传达着意义,我们能从中获得哪些意义呢?

苹果产品分公司的一位前执行官曾说:"我们的标志是极为神秘的:它是快乐和知识的象征,还有部分的缺口和彩虹的颜色,但不仅仅是如此。我们不可能期望还有更合适的标志了:快乐、知识、希望和无政府主义。很清楚,被咬了一口的苹果指涉了伊甸园中的知识之树的故事,以及与东海岸的IBM(庞大的企业帝国)和'大苹果'纽约相联系了起来。迷幻色彩的彩虹意指着西海岸20世纪60年代的嬉皮士时代(hippie era),与之相联系的是理想主义和'我行我素(doing your own thing)'。"

图3-18

通过这样的分析,这个标志所包含的各种意义及其差别就比较明确了,见表3-9所示。

外延层级	被咬了一口的苹果,还有部分的缺口和彩虹的颜色等
内涵层级	快乐、知识、希望、东海岸、纽约等
意识形态层级	波希米亚精神、无政府主义、理想主义等

表3-9

在产品设计领域,意识形态层级则通常被融于具体的表现习惯中,和各种设计风格和流派联系在一起。比如折衷主义、装饰艺术风格、结构主义、现代主义、有机主义、典雅主义、未来主义、新现代主义、后现代主义、高技术风格、解构主义、梦幻风格、隐喻风格、戏谑风格、仿生风格、复古风格、乡土派、绿色环保派等等。

从设计史来看,许多设计都包含着深刻的意识形态意义,这是使它们显得意义深邃,成为不朽经典的重要原因;而众多设计大师的作品,也因为其中包含的独特意识形态暗示而具有了内在一致性。如图3-19~图3-21的设计都深刻体现了这一点。

语意的传达
Semantic Communication

图3-19是新艺术运动代表人物麦金托什（Charles Renee Mackintosh）设计的椅子，深刻体现了设计师当时反传统的前卫精神。图3-20是埃罗·沙里宁（Eero Saarinen）设计的郁金香椅（Tulip chair），体现了其富于人情味的有机现代主义思想，这和他的建筑设计思想是统一的。

图3-19   图3-20

图3-21是意大利激进设计组织Studio65 1971年设计的名为Miniature Bocca沙发，体现了强烈的波普风格和玩世不恭的享乐主义精神。

图3-21

第四章　使用者的心理模型和产品语意传达的实现条件

第一节　不断演进的心理模型：使用者如何认识产品

　　新产品通常需要一个消化和接受的阶段，通过必要的操作动作和行为方式来对一个产品的外观、感觉和功能进行调整适应，需要花费一定的时间。语意学则希望通过设计，来努力加速和便利这一消化时期。因此，在工业设计中，语意学运用的关键，便在于理解使用者是如何解读和消化不熟悉的产品，即他们的心理模型（mental model）。

　　只有在充分理解使用者的心理模型基础上，设计师才可能有效地通过产品的形式这一语言与使用者进行有效的沟通。正如诺曼所指出的，设计师在协助使用者建立这一心理模型时，要采用两种基本原则：

　　1.提供一个良好的概念模型。
　　2.使事态可视化。

　　克利本多夫和布特区别和命名了语意理解的四个阶段：

语意的传达
Semantic Communication

产品识别 [Product Identification] — 使用者通过对相关视觉暗示的解读来判断产品的类型。

操作判断 [Self-evident Operation] — 使用者在各种成功或者失败的层面操作产品（或者改变操作），并且观测这些行为的反馈。

形式探求 [Explorability of Forms] — 使用者通过试用来掌握产品的工作原理，并可能设想出新的应用方式。

文脉认同 [Coherence with the Symbolic Context] — 将个性趣味、社会特征和美学价值等具体文脉因素结合其他一些与产品有关联的描述和安排进行解读。

考虑到设计师与使用者之间的沟通是非线性和循环互动的，所以克利本多夫和布特将语意理解划分为这四个阶段。从中可见语意传达的有效实现是一个复杂动态的过程，它需要许多因素的介入。

按照现代传播学的观点，讯息的传播需要三个基本要素，即发送者（sender）、接收者（receiver）和讯息（message），语意的潜势则包含在符号构成的讯息之中。

通常对于意义传播的提及建立在一个发射模型基础上（图4-1），在这一模型中，一个发送者向接收者发射一个讯息；反之，一个接收者从发送者那里接收一个讯息，意义的传达似乎就得到了实现。这一公式其实将意义降格为"内容"，意义被当作包裹和邮件那样来发送和接收。这就是香农（Shannon）和韦佛（Weaver）著名的传播模型的基础。

图4-1

温萨特（W.K.Wimsatt）和比尔兹利（M.C.Beardsley）推动了形式主义观点的发展，认为意义是存在于文本内的。这样的考虑就转向了"文本决定论（textual determinism）"，将文本想成是被不变地阅读着的，而意义则由文本生产者的意图决定，这就几乎不给文本内和文本间的矛盾，以及文本在解读者心中可能出现的变动留下余地。这种客观主义理论显然将传播过程机械化了。在我们的实际生活中，讯息的传播和意义的传达不可能如此单纯。

1960年罗曼·雅各布森（Roman Jakobson）提出了一个人与人之间口头传播的模型，它超越了基本的传播发射模型（图4-2）。罗曼·雅各布森概括了他所认为的任何口头传播中的六种"构成因素"，并阐述了它们之间的关系：

"发信者向收信者发送一个讯息。讯息的有效运转需要一个可为收信者把握的语境(context)，一个符码完全或者至少是部分的为发信者和收信者所共享，最后，在发信者和收信者之间产生一个联系，一个物质的通道或者心理上的连接，使得他们共同处于传播状态中。"雅各布森认为六种因素中的每一个都决定了语言的不同功能。

图 4-2

这一模型避免将语言降格为"传播"，发信者提供的参考性内容并不总是处在最显著位置。雅各布森认为在任何给定的状况下，这些因素中的其中一个是主导性的，其主导性功能影响了讯息的一般特征。雅各布森的模型显示了讯息和意义不能从这些因素中孤立出来。这对于非语言符号意义的传达同样具有启示意义。

罗曼·雅各布森的传播模型所强调的符码和社会文脉因素，是语意有效传达需要的两个必要条件，即：

1.一个发送者和接收者都能理解的符号系统，这在符号理论中被称为符码(code)，主要涉及接收者的文化与意识形态背景；

2.能够为接收者把握的使用情境，这在符号理论中被称为文脉（或语境，context），涉及接收者的心理性、社会性和文化性因素。

因此，使用者解读产品语意的过程已经不只是被动的接受设计师的意图，而是建立在心理期望之上的主动过程，并受到可变因素的影响。使用者通过解读他们周围的暗示来建构产品的认知心理模型。这一心理模型最初只是建立在视觉印象的基础上。当他们通过探究开始理解产品特征的时候，这一心理模型便日益精致和扩张，并可能随之在原有的视觉印象的基础上产生新的感觉。

正如弗里兰德所描述的，使用者从产品中解读意义时："我们的第一个反应……是思维性的，建立在已有知识的基础上，视社会和文化习惯而定。我们的第二个反应……是情感性的。我们对于一个意义诠释……建立在从先前经验中生发的联想基础上。"前者涉及使用者对于特定符码的认识，后者则涉及文脉因素。

对于使用者而言，产品的形态创造了一系列最初的期望。这些都是我们在遇到一件新的产品时所会考虑的方面。产品正是通过符号途径（包含讯息显示、图案元素或平面标记、产品造型、形状和质感，以及产品内部状态的指示等）创造了一系列最初的期望值。因此，设计师需要根据这些期望值提供一个充满感觉细节的环境，以此来引导和召唤出使用者的心理模型。使用者则需要努力去提高最初的心理模型的精度，直到产品显现出了"它是什么"，"它是如何使用的"以及"它能带给我什么益处"等信息。更加精致的心理模型则需要设计师提供关键的语意暗示。而设计师如果没有意识到这些期望值，那么，有效的语意传达将无法实现。

第二节 语意的有效传达依赖于特定的符码

1. 符码的概念与作用

在理论符号学中，特定的符号系统被称为符码（Code），比如整个文化符码系统是对各种不同文化的指称（如：日本文化、德国文化、中国文化、犹太文化、伊斯兰文化、印度文化、佛教文化等）。符码可以进一步细分为各级亚符码（sub-code，或称为次级符码），如每个文化符码系统又可依"精确性"来区分不同的子系统，如：数理逻辑系统（人工语言）、语言文字系统（自然语言）、造型语言系统（图像、影像、光线、形、色）、乐音语言系统等。而我们每个人的兴趣、爱好都可称为一个亚符码。在设计中，任何一种风格都可视为一种符码或亚符码。

符码的概念在符号学中是最基本的，它是语意得以传达的基础，对于沟通而言，它是至关重要的。文本的生产和解读需要符码的存在，因为符号意义的产生依赖于它所处的符码，符码提供了一个符号在其中产生意义的整体架构。一个符号不在特定的符码中运行我们将无法识别它的身份。如果符号的形式和意义之间的联系是相对任意的，那么解读符号的意义需要我们对于一系列恰当的惯例的熟悉，这些都需要通过学习获得。

我们可以将数码相机看作一个独特的符码。通过对于镜头、操作按钮、液晶屏这些造型构件的形式和结构关系，及其整体组织方式的惯例性认知，便可将如图4-3的产品形式与数码相机联系起来。而如果脱离了对于这一符码的熟悉，没有解读其他数码相机的经验，我们将无法辨识其身份。

同时，发送者和接收者之间语意沟通的实现，还需要在两个人能够共享同一符号系统的情况下进行。符号是人类文化的载体和表现，语言、专业知识、特定文化、年龄阶层，这些都可能成为人们沟通的障碍，我们必须共享这些符码才能消除这种隔阂。

第四章 使用者的心理模型和产品语意传达的实现条件

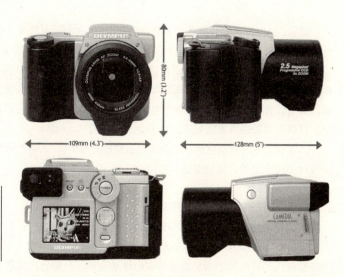

图4-3 数码相机

如图4-4，儿童用的日常用品和家具形态丰富、色彩鲜艳，是童趣化符码的一个部分。如果没有孩童般的心理，将无法理解和共享这一符码，从而造成语意传达的隔阂。

图4-4 儿童的日常用品和家具

其实，我们日常的知觉活动都包含着符码。各种符号系统将人类意识中的世界重新编码并表现出来，我们的知觉则依赖这些符号来进行理解和沟通。我们可能认为所看到的世界是属于自己内心的，而不是一个编了码的图片，然而事实上并非如此。即使是看起来写实的图像符号，比如照片，也包含着人们编码的意图和努力，而不只是对外部世界的简单映射。否则，我们将无法评判和理解摄影家和普通摄影爱好者的作品之间的差异。

人类社会本身就是这样一个庞大而多样的符号帝国，人类用符号来表达和沟通自己对于世界的独特看法。

2．先天性符码（心理学符码）

人们日常生活中所涉及的符码部分是为所有人共有的，这些符码是每个人一出生就能领悟的，是一种先天性的符码，与所处的社会文化背景无关。对于这些符码的研究属于人类生理学和心理学范畴。一些研究成果已经被广泛地运用在视觉设计领域，其中影响较为深远的是完形心理学（格式塔心理学，Gestalt psychology）的某些研究成果。

完形心理学认为，在视知觉中人类存在特定的广泛特征，在符号学中可以称之为知觉符码的组成。通过研究，完形心理学家们总结出了"形（figure）"和"场（ground）"的概念。面对一个视觉图像，我们会从目前的关注中分离出一个突出的形状（一个具有明确轮廓的"形"），使其处于一个"背景"（或"场"）中。而当一个图像的形和场模棱两可，我们会倾向于一种诠释，当我们感知到其中一个，轮廓就属于它了，它表现的就好像是在"背景"之前。

图4-5

如图4-5，我们会倾向于将靠得较近的两条并置的竖线各自关联起来成为形，并将整体解读为三个半"∥"形组成的图案。而不是将靠得较远的两条并置的竖线各自关联起来，或是将其看作七条类似竖线的排列。

完形心理学家概括了几点关于知觉组织的基本和普遍的原则(有时甚至称为"规律")，诸如"接近"、"类似"、"连续性"、"封闭"、"缩小"和"对称"

等等。所有这些知觉组织的原则都服从于简约合宜的原则,也就是令人愉悦的最为简单明确的诠释。知觉组织的格式塔原则暗示了我们解读那些模棱两可的图像时,会预先倾向于某一种方式而不是另一种。

完形原则表明,对于人类而言,世界不仅仅是朴素和客观外在的,更是经过知觉过程组织的。这些人类知觉组织中的原则具备人类普遍具有的形而下特征,是人们用来进行认知活动的心理学符码。合理地运用这些先天性的知觉符码,可以使产品传达出特定的意义。

最重要的是美学意义的表达。一个产品设计看起来是否舒适、和谐,或是富于节奏性、充满动感张力,都和这些先天性知觉符码的介入有很大的关系。例如曾经有研究表明,不论是西方的教堂还是东方的椅子,这些杰作经几何学分析其形式都是严格符合黄金分割律的。

而在产品语意传达中,我们更关注其符号性意义,知觉符码可以为人们在产品认知的过程中提供提示性意义。

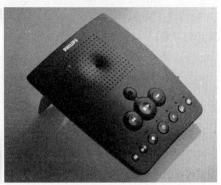

图 4-6　　　　　　　　图 4-7

对于家电的操作面板的有效认知,需要人类知觉组织符码的介入(图4-6、图 4-7)。

3.后天性符码(文化学符码)

人类知觉领域的先天性符码体现了人类的共性,而同时,这样的预先的倾向更多地是由另一些可变因素产生的,比如社会文化符码(图4-8)。可以说,人类社会的丰富性体现在这些更为多样的社会文化符码上。这些符码被用来区分不同的人群,区分不同的文化圈。文化符码的研究在今天显得尤为重要,同时它也变得越来越复杂。

语意的传达
Semantic Communication

图 4-8 传统符码

  这些知觉属性是可以通过学习以及文化改变的，而并非先天的。它们在我们生命的早期形成后，就很容易被误解为是一种自动形成的或者不是通过学习获得的过程，就像我们可能会误认为我们的特定的阅读方式或者观察方式是自然而然形成的，而不是文化给予的那样。

  符码超越了单一的文本，并在一个系统中把这些单一的文本联系在了一起。在这样的系统中，符码为文本的作者和解读者共同使用。在创作文本时，为了限制当文本为其他人阅读时可能产生的意义范围，我们需要根据熟悉的符码来选择和组合符号。为了更容易地进行交流体验，我们可以借助符码来帮助简化某些现象。在阅读文本时，我们可以结合恰当的符码来解释符号。同时，各种符码之间可能是交迭的，对于任何文本或者实践的符号分析，需要考虑若干符码以及它们之间的关系。

  因此，我们每个人都是根据特定社会文化脉络中主导性的符码和习惯学着去解读世界，并且作为一个角色在其中被社会化。每一个文本都是一个根据符码和亚符码组织而成的符号体系，反映着特定的价值观、态度、信仰、设想和习惯。

图 4-9 现代主义风格的家电

图 4-10　国际主义风格的商业大厦

　　工业产品是人类社会生活中的一个组成部分。作为一个独立的符码，产品设计是整个设计符码的一个分支或亚符码，各个时期的产品设计风格都受到建筑风格的深刻的影响（图 4-9 和图 4-10）。现代主义的产品风格便与国际主义风格的商业建筑高度统一。而作为整体，它们都受到广义的现代主义思想观念的影响。现代主义设计形式已经成为一个经典，作为一种有别于人类社会历史上任何时期的独特的符码，它的意义与价值是长久的。但同时，由于它极简的造型语言和多年来的全球性垄断，压抑了其他文化符码的介入，使设计符码丧失了本该具有的多样性和丰富性。

　　可以说，谈到了文化符码也就谈到了今天设计的复杂性和多样性，这些都与符号的任意性有关。如果说产品的技术含义是一元性的，有着较为确定的评判标准，那么，产品的文化维度则是多元性的，它是人类生活丰富性的基础。

第三节　语意的有效传达依赖于符号的使用情境

　　符码的介入只是语意传达得以实现的基础。要理解符号，我们首先要明确"系统"的概念，以及由此衍生的万物"联系"的概念。理解这一点对于我们来说并不困难，因为各种先进的媒介正使我们所处的世界成为一个名副其实的地球村，而符号就是用来进行联系的手段。符码概念本身就暗示了这种联系性，但是其联系只是存在于一个特定的符号系统内部的。而文脉的观点则暗示我们，这种联系也可以是超越单一符码的，联系同样可以在多个符码中产生。

　　语境（context），即符号的使用情境，来源于语言学的定义。

　　"context"的原意为上下文，引申为单词的意义需要联系上下文推导出来。一个词汇或一个句子的意义独立存在时，它的意义是有限的、不明确的，需要根据其所在的整个段落、整篇文章的意义而决定。因此，同样是一个词

语意的传达
Semantic Communication

汇、一个句子，在不同的段落、不同的文章中就有着不同的意义。这是"共时的"(synchronous)语境观念。此外，还有"历时的"(diachronous)语境观念，如成语典故，按字面去解释是无法理解的，必须与它的历史背景相联系才有意义。

图4-11

图4-12

如图4-11，一件产品不是孤立地出现在人类生活场景中的，而是存在于和其他事物的联系中，包括周围物、生活场景、自然环境，以及更广泛的历史文化脉络。如图4-12，考虑到孩子们的情感需求，设计师运用了可以引起他们共鸣的符号来进行表达。

过去人们设想每个文本都可以分解为单字和单词来进行确定的解释，而文本的意义便可以通过把单字和单词的意义相加起来获得。如今则更倾向于可以根据符号所处情境的不同，从相同的文本中诠释出不同的意义。例如通常我们所说的每个读者心中都有一个属于自己的《红楼梦》，并且这个《红楼梦》在

第四章 使用者的心理模型和产品语意传达的实现条件

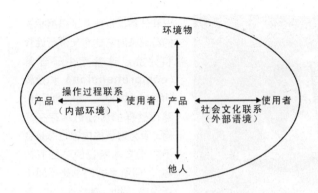

图 4-13

我们一生中也是嬗变着的。文脉的不同导致解读者对相同的符码产生不同的兴趣，引起不同的联想，从而产生不同的期望值。对于产品而言，设计师便需要设身处地地考虑这个产品可能会被放在怎样的环境中使用。

产品的使用环境包含了在使用产品过程中涉及的产品和人之间的关系，以及更为广阔的外部环境（心理、社会和文化文脉）中产品与人的关联性（图4-13）。产品使用过程中产品与人的关系构成了文脉的直接因素；而社会文化背景则是构成文脉的间接因素。

因此，我们可以将文脉广义地理解成介于各种元素之间对话的内在联系。更确切点，是指在局部与整体之间的产品与人的关系、产品与所使用环境的关系、产品与其所处文化背景之间的内在关系。总的来说，这些关系都是局部与整体之间对话的关系，必然存在着内在的、本质的联系。只有对这些复杂的关系的本质进行认真的研究之后，一个产品符号意义的复杂性才能被理解。对文脉进行研究和探讨，有助于有效地传达语意。

第四节　使用者的认知方式及其期望

对于产品而言，语意的接收者是那些潜在的使用者。因此，了解使用者可能采取的认知解读一个事物语意的方式是必要的，只有这样，才可能主动地去了解使用者心中对于产品语意的期望，并进行较为有效的语意传达。

1．意义通过积极主动的诠释产生

当代的传播学家把文本的建构和解读称为"编码"和"解码"，这两个行为分别由讯息的发送者和接收者完成。

在符号学分析中，"解码"不仅仅包含了对于文本所"说"内容的基本认

语意的传达
Semantic Communication

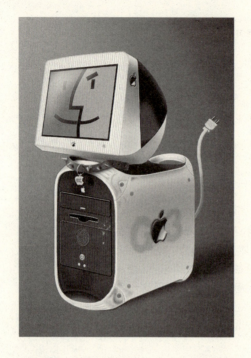

图 4-14

识和理解,也包含了根据相关的符码来对它的意义进行诠释和评价。这就产生了理解(comprehension)和诠释(interpretation)之间的区分。然而这样的区分仍然存在问题,因为理解的内容也总是会不同于文本所说的"固有内容",即所意味的总是不同于所说的。因此,更恰当地说,解码根本上就是一个诠释评价性的过程;而编码根本上也是一个诠释评价性的过程,因为编码的行为首先也是建立在对事物解码的基础之上。

诠释(interpretation)一词在后现代理论中至关重要,它代表着反霸权、反垄断、多样的声音和对话的思想。在第一章提及的皮尔斯符号模型中,我们看到他用诠释来表达类似所指的概念。对于皮尔斯而言:诠释本身是一个存在于诠释者脑海中的符号。皮尔斯注意到:"一个符号……向某人发送讯息,这就是说,产生于这个人的意识中的是一个相同的符号,或者可能是进一步开发了的符号。如此产生的符号我称之为最初符号的诠释"。

艾科用"无限指号过程"(unlimited semiosis,或译为"无限符号化过程")来表述这一情形,认为这样的情形可以引出一系列连续的(潜在的)诠释。皮尔斯补充说,任何最初的诠释(initial interpretation)都可以被再诠释(re-interpreted)。

每个人对于一件产品的印象和理解都不可能是一致的,产品设计师只是为使用者提供了一个诠释的可能。使用者不可能完全理解设计师的意图,却可以根据自己的习惯和喜好在脑子中改造它,从而使不同使用者之间的理解产生差别。在图 4-14 中设计者想像力丰富的诠释下,iMac 电脑成了一个类似小狗模样的可爱生命物。

2．使用者可能采取的诠释方式

意大利符号学家昂贝托·艾科（Umberto Eco）将一个文本运用不同于习惯性编码时采用的符码进行解码的活动称为"异常解码"。艾科认为那种强烈的反映出鼓励某种特定诠释倾向的文本是"封闭的"，与之相比较则是更为"开放的"文本（图4-15）。他认为大众媒介一般倾向于成为"封闭的文本"，然而因为它们是传播给异质性读者的，这样一来，文本的多样性解码将不可避免。

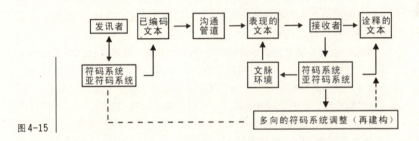

图 4-15

英国社会学家斯图亚特·霍尔强调了不同的社会群体在诠释大众媒介文本时所处的社会立场，并为文本的读者假定了三种诠释性符码或者说立场：

（1）主导性阅读：读者完全共享文本的符码和接受首选阅读，在这一立场下意义显得比较稳定。这是一种理想化的方式。

（2）商讨性阅读：读者部分的共享文本的符码和接受首选阅读，但有时会根据反映他们自身立场、体验和兴趣的方式抵抗和更改它——这种立场包含着反驳。

在菲利普·斯塔克设计的榨汁器基础上，另一设计师对其进行了商讨性的更改，如图4-16所示。

图 4-16

图 4-17

语意的传达
Semantic Communication

今天，消费者在讲求产品的技术性和实用性的同时，人性化的需求逐渐增长，消费者已经不可能接受支配式的阅读方式，因此设计时考虑到消费者的主动性已经成为必然，不考虑到消费者的这种期望就很容易与其形成抵触。

现在的手机不但有多样的色彩款式可供选择，还具更多个性化的功能，包括可替换的彩壳、彩色桌面以及和弦铃声，全都可依照不同心情及造型作变换，创造出独特外观（图4-17）。这就赋予了使用者商讨性阅读的机会，使消费者在DIY（do it yourself）过程中体会到消费主体的归属感。

（3）对立性阅读（反支配性阅读，反霸权性阅读）：读者的社会状况使他们与主导性的符码产生直接对立的关系，他们理解首选阅读的意思，然而不共享文本符码，并反对这种阅读。

例如，据说英国工艺美术运动的先驱人物威廉·莫里斯1958年跟随母亲一同去参观国际博览会。"一进展览厅就大叫一声：好可怕的怪物！于是不肯看下去了。这件轶事说明他对于当时那些展品是在有着一种本能的反感。"威廉·莫里斯"为了替画室购置家具，为了给新婚的家庭安排起居，莫里斯跑遍了伦敦大大小小的家具店、瓷器店、餐具店、地毯店，以及各种日用百货商店，他居然发现找不到一件他感到满意的东西……于是决定自己动手制作所有的家庭和画室用品。"（王受之，《世界现代设计史》）在这里，莫里斯显然由于自身观点和立场的不同，而采取了对立性的阅读方式。

符码本质上并不决定文本的意义，但是主导性的符码会趋向于限制文本的意义。社会惯例确保了符号不可能根据个人的意愿产生意义。符码的运用有助于我们选择基于社会惯例的首选阅读方式，然而文本也会在一个向诠释开放的区域内变化，这是由符码的相互交迭产生的结果，比如个人亚符码的介入。

莫利指出,任何个人和群体都可能联系不同的主题和不同的文脉，以采取不同的解码策略。对于相同的原料，我们可能在一种文脉中采取对立性阅读，而在另一文脉中采取主导性阅读。莫利注意到,在解释读者阅读大众媒介文本时,不能只关注到一致和赞同（agreement），还应该关注理解、调整和享受。

第五节　结合文脉和符码因素进行语意性设计

好的产品应该带给人们方便和享受，而不是造成人们认知上的障碍和困难。在产品语意的传达中，如果我们对这些因素视而不见，或者没有意识到消费者的心理感受和期望值，那么，有效的语意传达将无法实现。因此，设计师必须考虑到特定的符码和文脉因素在语意传达中的重要性。

一般认为，一个独特符号领域会包含几方面的研究。如语言学家莫里斯（C.W.Morris）所指出的：

语构学（语法学，syntactics or syntax）：符号间的形式和结构关系，组织符号的法则，关注符码的建构。

语意学（semantics）：符号关联（语词、句段或文本）所表达的意义。

语用学（pragmatics，或称为语境学）：符号关联与解读者的关系，具体的应用效果，关注文脉。

在探讨语意时，莫里斯认为语意并不是只有单词意义的探讨，而是语意、语构、语境（语用）三个向度的探讨，如图4-18所示：

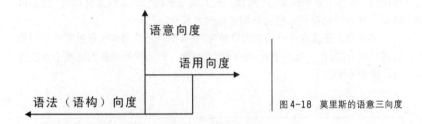

图4-18 莫里斯的语意三向度

从符号观念看待产品造型，那么产品造型语言也构成一个独特的符号系统，根据莫里斯的体系，产品符号领域的研究可包括：

产品语构向度：产品各功能构件间的形式和结构关系，及其组织法则；

产品语意向度：产品造型所表达的意义，包括产品的惯例性意义以及由联想所产生的意义；

产品语用向度：产品造型与使用者的关系及其可行性。

由于产品符号理论并非研究产品符号本身，因此，产品设计领域的符号研究和应用主要涉及产品语意向度，并形成了一定理论构架。而产品语意的传达需要借助其他符号以产生内涵意义，这就必然涉及到其他符号，因此符号的探讨并不能局限于产品符号体系本身，而是要对其他符号体系进行考量，这又涉及到使用者的心理、社会和文化符码。

从符号学角度来看，使用者对于符号的诠释包含三个层级（与莫里斯的符号学架构有所联系）：

语构层级：对于符号的识别（与其他符号相联系），涉及符码。

语意层级：对于符号意图性意义（intended meaning）的理解。

语用层级：根据适恰性、认同性等等对符号进行诠释，涉及文脉。

消费者认知的最基本工作，包含对一个符号表现了什么的鉴定（语意向度），同时也包含对其所涉及的媒介和代表性符码的熟悉程度（语构向度）的考量。而语用学则研究意义如何生成（how meanings are made）：也就是说，它不仅关注意义的传播,也更关注意义的建构和维持。从语用的角度考察语意,那么符号便不具有恒定的语意值,而只有流动的语境值。目前的产品语意研究正逐渐转向通过结合语构向度和语用向度的考量来生成语意。

在一定使用情境中,遵循产品语意学的基本理论,产品需要扮演两个角色:第一个角色,即产品本身固有的角色,从人使用产品这一基本需求出发,可称之为功能角色(产品的外延意义);第二个角色,是人的主观情感投射在产品上形成的角色,它在使用情境中显示出人的心理性、社会性、文化性的象征价值,可称之为象征角色。虽然它是人的抽象观念的某种定性投射,但它依然离不开人、也离不开社会环境这样的大背景。

通常我们更关注于产品的固有角色,狭义的产品语意学也是针对产品的功能属性展开的,而广义的语意学则同时考虑到了产品所要具备的这两个角色行为,见表4-1。

	语意属性	考察范畴
狭义的产品语意学	功能语意	使用者易于认知的符码
广义的产品语意学	功能语意和情感语意	使用者易于认知的符码及产品所处的文脉环境

表4-1

第五章　产品语意传达的方法

第一节　产品语意传达的主要方法

目前在产品语意层面的研究中，尽管出发点大体一致，但具体操作方法则因人而异，主要作法有：

1.德国斯图加特艺术学院产品设计系主任 Klaus Lehmann 于1991年提出产品或物品的语意造型类别，包括许多的造型原则与丰富的隐喻。一般而言，概略分为五类：

(1)从可解读的机械原理取得意义的设计造型类别。
(2)从人或动物姿势象征符号取得意义的设计造型类别。
(3)从熟悉的抽象造型符号取得意义的设计造型类别。
(4)从科技符号以及从当时杰出模式取得意义的设计造型类别。
(5)现代建筑师和设计师流行使用的，利用风格上或历史上的隐喻，以回想我们的文化传统的设计造型类别。

2.芬兰赫尔辛基艺术大学工业设计教授克里本多夫（Krippendorff）的产

语意的传达
Semantic Communication

品文脉四大面向：

(1) 使用脉络：对产品认知在使用上有两个方向。一个基于事实(人们探测世界的方式是不同的，而设计则应支持人们所有探测世界的方式)；另一个基于基本心理观念(人们借由隐喻与换喻而延伸人的认识能力于不易亲近的物体，进而操作物体)。设计的重点即在于"界面操作"的设计，而界面操作缘于人对物的使用动机，使用动机又分为内在动机与外在动机。内在动机包括：对物的操作、归属感、认同感、平衡、协调、一般审美判断；外在动机则是设计者对设计完成度的期望。产品语意学的使用脉络，就是根据对产品的认知与行为动机来解决产品的使用问题。

(2) 语言脉络：即意象脉络或社会语言学脉络。

(3) 根源脉络：指探讨"物"在生产网络及消费网络中的角色与意义，并以此作为设计的重要资源。

(4) 生态脉络：包括环境差异的探讨，从"物"在生态系统内的角色了解"物"的意义以及人造物所衍生的生态系统。

3. 法国符号学家罗兰·巴特在其后期著作《S／Z》里所提出的五类符码论，以及作者已死论(解读权在读者)，其中认为"文本"是由五种符码系统(code)穿越一个语言空间而形成的，这五种符码系统是：

疑问语码(符码系统) (hermeneutic code)
动作语码(符码系统) (proairetic code)
内涵语码(符码系统) (connotative code)
象征语码(符码系统) (symbolic code)
文化语码(符码系统) (culture code)

反映在设计上，设计师对符码系统的运用如下：

(1) 疑问语码——营造产品之所以引起消费者兴趣的语态。

(2) 动作语码——在设计控制传达时最常用，设计师在操作界面上设定操作语码，指引使用者整个操作流程，并暗示着操作的形态。

(3) 内涵语码——界定产品的意识形态，就产品在使用情境中以隐喻、假借、类比等手法表达所扮演的角色。

(4) 象征语码——可采用象征手法，暗示该主题功能的实质，并企图透过上述象征手法，形成整个产品的旨趣。

(5) 文化语码——考虑该(特定)文化符码因素(特别是商品所要打入的市场)，融入在该(这样)社会、文化下所产生的符码。这是设计中较难的部分，但也是最值得开发的一部分。

4. 美国Cranbrook工业设计系主任McCoy M.以普同性设计与诠释性设计来区分符号学对设计的不同影响，主张从文化符码系统及人的心理情境来引

发与决定产品设计的方向,并从符号学与沟通(传播学)的角度指出这种诠释性设计的方法:

(1)人的使用习惯:产品在日常生活中所扮演的角色的考量。
(2)人对产品的操作:产品如何操作使用。
(3)人的记忆:人对此产品觉得熟悉吗?
(4)物(产品)的存在环境背景:产品如何适应其所存在的周遭环境。
(5)物(产品)的生产过程:考虑产品如何生产。

5. 语意距离调查法(semiotics distance)

语意距离调查法并不只在工业设计领域应用,也常应用于视觉传达领域。认为"众人"对物(产品)的感情可以借由度量表来测量,人对某特定物(产品)的感情就是人对此特定物的语意反应(或解读)。语意距离调查可以概括出产品设计在发展时造型的方向,使产品外形能较精确地表达"意义",进而被规划的目标市场接受。

6. 风格调查法

风格调查法是语意距离调查法与造型语法(shape grammar)、图像学(iconography)、艺术史的风格分析方法结合后进一步发展出来的,其目的在于分析既有的产品(特别是历史上的产品,如古董桌椅)在人们心目中可接受的意象(image),该意象则称为此"物"的原型(prototype),进而可作为供设计师创作时的参考,其方法如下:

(1)针对产品的风格内容进行探讨。
(2)将历史上的作品依造型的元素拆解。对产品的风格(造型特征)的可拆解程度进行探讨。
(3)受测者(大众)对元件认知(认可、辨认)的范围与临界值的测量。
(4)找出原型与原型的认可范围,供产品设计师参考。

如果所测的是某历史文化下的产品,那么所找出的元件与原型,基本上可以称为该文化下对该物的指称,这也正是该"物"的文化造型符码系统(元件与元件接合关系)。

这些作法与流程都可以作为一定的参考,尽管各有不同,但基本都考虑到了使用者在认知产品时的主体性,符码和文脉因素的重要性,并据此设问以寻求解决途径。

第二节 建立语意传达目标

在产品语意传达的各种方法中，美国俄亥俄大学工业设计系教授巴特（Reinhart Butter）提出的方法和流程较为系统和清晰，具备相当的参考价值，其内容具体如下：

(1) 建立产品的目标与特性。
(2) 确立产品预期的使用情境与文化情境。
(3) 列出所要的属性特征清单。
(4) 列出所要避免的属性特征清单。
(5) 将上述属性特征群化与排序。
(6) 寻找支持上述属性特征的造型语素。
(7) 评价、选择与整合。
(8) 技术可行性的配合。

和任何设计流程一样，对于产品语意传达而言，确定传达目标是首要的前提。巴特在其作法的1~5阶段，首先便强调对产品语意传达的目标进行分析和设定。

1．功能语意传达目标的设定

可以借助功能分析对产品功能语意的传达目标进行设定。功能分析是寻求产品创新点的一个重要手段。

产品功能分析是从技术和经济角度来分析该产品所具有的功能的。通过功能分析，可以将设计师的注意力从产品的结构形式转向产品功能。对于产品而言，功能是目的，产品的具体结构形式只是实现功能的手段。对于设计师而言，产品的功能是较为稳定的概念，而实现特定功能的手段则可以多种多样。

功能分析需要从功能定义入手。功能定义就是把对象产品和零部件或构成要素的效用加以区分和限定，由于产品和零部件或构成要素是功能的载体，因此，它是描述功能的主语，而功能作为产品和零部件或构成要素的效用，可以用谓语动词及宾语名词表示出来。例如图5-1所示：

图5-1

通过功能定义把产品功能从产品实体中抽象出来，可以明确产品和部件或构成要素的功能性，如图5-2所示：

功能定义对于认识产品的本质和测定其价值都是极为重要的步骤。由于功能定义把产品的功能从产品实体中抽象出来，因而摆脱了产品实体的结构、材料特性的束缚，从而更利于根据特定的功能，设计出实现该功能的新的结构、材料、工艺方案。

第五章　产品语意传达的方法

图5-2

如图5-3中的CD架设计便巧妙地运用了衣架形象作为手段来实现其功能目的，并通过我们熟悉的衣架的隐喻传达出了产品的操作方式。

图5-3

对于功能较为复杂的产品，比如图5-4中的遥控器，我们还需要对其功能进行分类，区分出"主要功能"、"次要功能"，并分析各功能之间的关系，以寻求更加便于认知和操作的解决手段。绘制功能系统图，可以抽象表达产品结构系统功能。功能系统图能清楚地显示出产品设计的出发点和思路，是体现产品在设计上反映需求功能要求的方式。建立功能系统图就是先从基本功能开始，根据它们之间的目的——手段关系建立功能系统骨架，然后在功能系统骨架上找到二次功能的目的功能，将二次功能逐一连到它的目的功能下位上，功能系统图（图5-5）便由此形成（参见吴翔编著《产品系统设计》）。

2．情感语意传达目标的设定

情感语意属于产品的精神功能，也可以纳入功能分析之中进行目标设定。但由于产品精神功能涉及更为复杂和多变的产品使用情境和文化情境因素，并非稳定的函项，因此产品情感语意传达目标的分析和设定将变得复杂，需要根据企业和市场的具体要求而定。可以结合上述提及的语意距离调查法、风格调查法等进行考察。

图5-4

语意的传达
Semantic Communication

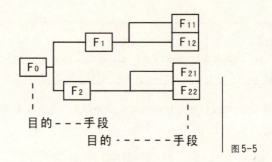

目的---手段
目的------手段

图 5-5

第三节 借助适当的符号作为手段实现语意传达目标

在经过功能分析后，便可确定产品语意传达的属性特征清单，建立目的——手段关系，针对特定的目的，采用适当的手段——即寻找支持上述属性特征的形式语言。

在这一阶段，设计师需要借助适当的符号作为手段来实现语意传达的目标，我们可以参照第三章中阐述的符码分类方式将其大致分为两种途径：

一种是借助产品形式本身所具有的符号属性（即运用人类知觉系统可认知的心理学符码），通过一定的语法规则和产品结构的文脉性暗示来传达功能语意；

另一种则是借助符合人类社会生活惯例的符号（文化学符码），通过一定的文脉性暗示来传达功能语意。

1．借助产品形式本身具有的符号属性传达产品语意

对于人类而言，产品形式包含的每一根线条、每一种颜色都可以根据它们之间的任意组合关系（在这个特定的语境中）传达出特定的心理学意义。设计师如果有意识地对这些产品形式本身具有的天然符号属性进行合理组合，就可以获得恰当的语意传达的目的。如前所述，完形心理学研究总结的一些人类知觉组织领域的基本的和普遍的原则，可以作为设计师参考的语法规则。

如图 5-6 所示，接近性原则会使我们倾向于将纵向（或横向）的点集合起来，因为它们之间的距离较近，而将整个图案看作由数列（或数行）点阵组成。

这些组织方式对于我们而言是不陌生的，设计师通常自觉不自觉地运用它们传达出和谐的美的含义。而现在，我们则是努力

图 5-6

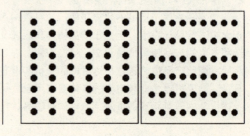

通过这些原则来传达出特定的功能语意,其效果如何则需要依赖我们的心思缜密以及经验积累。

我们可以对这样的语法规则进行大致的分类。一般而言,设计师可以通过以下产品形式元素的组合方式来传达语意细节:

(1)线形(图5-7)

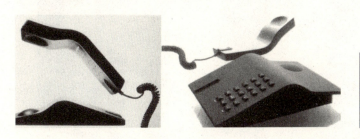

图5-7

(2)质料色彩对比

如图5-8中的通过电源开关与机身质料色彩的对比突出了操作部件。

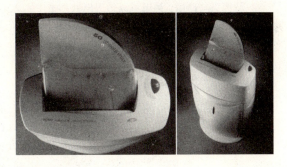

图5-8

(3)方向定位(比如通过线条的运用)

如图5-8、图5-9中的打印机通过线条对出纸方向进行了方向定位。

图5-9

(4)功能元素（比如按钮）间的空间关系可以传达出层级、顺序和方向等关系

如图 5-10 遥控器中各种按钮排列的空间关系传达出了特定的关系。

 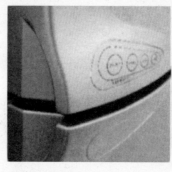 

图 5-10　　　　图 5-11

(5)强调与隐藏。强调可以传达出鼓励操作的意义，反之，隐藏则阻碍操作（比如 reset 按钮的设计）

如图 5-11 通过形态处理，突出了冰箱的操作部位，传达出了鼓励操作的意义。

(6)表面定位、肌理和色彩

图 5-12

图 5-12 中相机操作区通过不同表面定位暗示了不同的功能区域。

(7)外形（胖瘦大小）

如图 5-13 中不同大小的按钮。

图 5-13

(8) 比例及其关系
(9) 间距（步调）
(10) 统一与分离

图 5-14

如图 5-14 中数码相机的按钮排列，统一与分离的关系传达出了按钮功能之间的联系性和分离性。

使用者可以通过视觉、触觉、听觉、嗅觉和肌肉运动感觉（建立在动作基础上）等感觉器官接受这些语意（表 5-1）。

视觉	听觉	触觉	肌肉运动感觉
形态 构造 大小尺寸 位置 色彩（色调、明度、饱和度）	音量（响度） 音调（频率） 时间间隔	温度 压力 肌理 软硬	运动 方向

表 5-1

最初的电脑机箱，只是一个大白铁盒子，只要能将东西装进去就好了。而随着时代的变化，人们越来越追求时尚化、个性化，设计师开始从用户的认知行为出发进行细节的设计。比如电脑机箱主板接口的位置都有彩色标识，而且还用中文注明。主板上那么多接口，不是专业用户很难记得清楚，厂家这个举动看似很小，却方便了广大普通用户的使用（图 5-15）。

图 5-15

语意的传达
Semantic Communication

按钮繁杂的遥控器设计需要综合地运用这些形式组合方式。合理的设计能够大大简化使用者的认知过程,方便使用。如图5-16,左侧的遥控器虽然精致美观,但是并未很好地从使用者的心理模型出发进行设计。而右侧的两个遥控器则尝试通过不同形状、大小、色彩按钮的组合传达出操作性的语意。

图5-16

合理的电话机按键设计同样可以获得良好的效果。图5-17的电话机更多地是从美学角度进行考虑和设计,而如彩图5、彩图6的电话机则充分考虑了使用者的认知需求和心理期望。

图5-17

2. 借助符合人类社会生活习惯的符号传达语意

产品形式本身具有的这些符号属性简便好用,但仅仅使用它们是远远不够的。很多时候,如果不从更为广泛的符号体系中找寻元素,我们会在产品语意的传达中陷入困境。并且,这些先天性符码所传达的意义虽然具有普遍性的优势,但同时也存在单一性的问题。因此,语意传达在方式和内容上的丰富性还需要其他符码的介入。语意传达本质上是一种文化学的方法,用常规性的思维和方法是无法实现的,需要借助设计师的联想能力,而不是仅仅囿于产品本身。设计师可以借助如修辞这样的文学性方式来拓宽我们的思路和表达方法,丰富产品语意。

第六章 修辞方法在产品语意传达中的运用

第一节 通过关联性传达语意

产品语言,就像口语,可以通过结合和修改已有的元素产生新的意义。社会对于产品的理解不断发展,产品的"语言"也在不断地扩展和深化。这样的发展同时体现在设计师和使用者身上。

和语言一样,产品中也存在一种组合的逻辑或者语法和语意学的结合。根据各种关联性的考虑,设计师可以努力通过形式明确地向使用者传达出这个产品的功能和操作。这样的关系形成了几乎所有语意传达的基础。

这些关系可以是:

1. 产品与外部对象之间的关系。如图6-1所示,产品把手上与使用者的手的特征相关联的形态和肌理,能够指示这个产品如何被把握和控制;

图6-2为鲁吉·克拉尼设计的佳能照相机方案,操作部位既贴合手型,也暗示了操作方式。

语意的传达
Semantic Communication

图 6-1

图 6-2

2. 与文化惯例（文化先决性）之间的关系（比如，类似于把手的形状就可以暗示这一位置是为手的操作预留的），这种文化先例就是一个符号（如图6-3手机状的通讯簿；又如彩图20，桌子的调节手柄设计暗示了操作方向）；

图 6-3

图 6-4

3. 和周围环境的关系（比如，一把椅子的腿表达了它们和地面的关系，使椅子看起来更像椅子，它传达出了稳定性，暗示了方位性。见彩图20）；

4. 产品不同部分之间的关系，这种关联也可以是层级制的（比如，遥控器上的按钮）；

5. 产品与使用动作之间的关系。形式是如何阐明产品的动态状况的（见彩图29）。这种类型的联系表达出了比机械逻辑更多的内容，昭示出形式也可以表达和暗示人们使用这一产品时的姿态（如图6-4）；

6. 控制按钮等和它的操作结果之间的关系。可以显示使用者的操作是如何影响产品的内部状态的(开/关、转换、音量控制等，见彩图10~彩图13)；

7. 与其他物体之间的关系（这样的关系在时空跨度上更远，可以被隐喻、象征化或象形化），或者与时代、风格之间的关系。

这些关系都是从使用者的心理模型出发进行联想的，使用者对于一个产品的心理模型便是一系列动态的关联。从使用者角度看，这些关系可以分类为：

(1) 和产品外部环境之间的关系。
(2) 产品的内部元素之间的关系。
(3) 和使用者自身的关系。

举椅子的例子而言，见表6-1。

与外部环境的关系	内部关系	与使用者的关系
椅腿和地面之间的关系；一把椅子的椅背和水平线之间的关系；一把椅子和与之匹配的桌子之间的关系；一把椅子和社会文化环境之间的关系。	椅腿和椅座之间的关系；椅子的靠背和椅座之间的关系。	使用者的背部和椅子靠背之间的关系；使用者的手臂和椅子的扶手之间的关系。

表6-1

每一种关系都提供了一个语意传达的机会。但是在一个特定的产品中，必须存在逻辑上的一致性。需要一个能联系部分和整体的语法，并且给出每个恰当的意义。

而如何使这种语意传达的机会转化为实效，则需要特定的表达方式和思维去实现，修辞法就是我们可以借助的有效途径。

第二节　修辞作为有效的语意传达思维与方法

修辞是设计师获得设计创意的一种重要的思维方式。因为修辞关注事物是"如何表现的"，而不是"表现了什么"。修辞赋予了我们多样的途径来述说"这一事物是（或者像）那样的"。这使得修辞的运用可以产生丰富多样的内涵。

语意的传达
Semantic Communication

设计师对于同类产品的多样性诠释可以通过修辞表达出来,从而满足使用者多样性的需求(图6-5)。

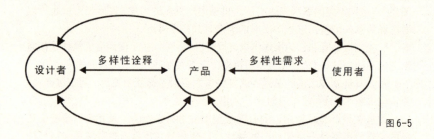

图6-5

其实我们对于修辞以及修辞的作用都是相当熟悉的,它是我们日常沟通交流中一种常用的表达方式(一种符码)。中学的时候我们就学习运用比喻、拟人等方法来使自己的作文更加具有感染力,而设计中的仿生思维也是一种隐喻修辞的运用(图6-6)。

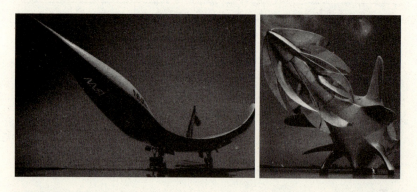

图6-6 鲁吉·科拉尼的仿生设计

对于修辞的关注在当代符号学中有着显著的位置,尤其在分析后现代的设计文本时,对于这一主题的理解是不可或缺的。修辞会告诉我们,形式简约与否不是意义是否丰富的关键。我国古代的诗词是严格限定形式的,且相当简约,寥寥数句而已,却有着不朽的魅力;今天电视上许多出色的广告也是笔墨甚少,却会令你印象深刻甚至忍俊不禁,很关键的一点就是因为它们使用了丰富的修辞。

第三节 主要修辞方式

修辞首先也是一个语言学中的课题。在语言中修辞是一种有效的和具有说服力的运用语言的技巧与艺术。而现在，类似的概念和方法已经扩展到了从建筑到电影的各种视觉符号领域中来。然而同时，修辞也被带有贬义色彩地认为是一种复杂、矫饰、不真挚的或思想贫乏的巧言令色。

一般认为视觉符号中涉及的主要修辞方式有四种。我们可以根据熟悉的语言例子进行简单的描述。四种修辞中的每一个都表现了一种符号形式（能指）和符号意义（所指）之间的不同关系，如表6-2所示。

在语言中，隐喻需要和明喻进行区分，明喻中有"像"、"若"等词作为暗示（比如"声音就像破锣"、"声若洪钟"），隐喻中则没有相关暗示。而由于视觉符号的性质，其修辞方式则不存在这种区分。

海登·怀特（Hayden White）指出这些关系分别与类似性（隐喻）、邻近性（换喻）、本质性（提喻）和双重性（讽喻）相联系。而也有人认为，主要

修辞	基本原理	语言例子	真实意图
隐喻	类似性（类似却又存在差异）	今夜星光灿烂	今夜著名的影视演员云集
换喻（转喻）	邻近性（通过直接关联建立的联系性）	有他在就有笑声	有他在就能逗大家开心
提喻	本质性（通过类别层级建立的联系性）	为中国队加油	为中国国家成年男子足球队加油
讽喻	双重性（对相反事物的模糊指示）	天气真好	天气很糟糕

表6-2

的修辞方法只是隐喻（包含了讽喻）和换喻（包含了提喻）两种，讽喻只是隐喻的一种极端表现，而提喻则和换喻的思维类似。这是一种更为精简的分类方法。但无论如何，隐喻和换喻是两种截然不同的表达方式和思维方法，其作用不能互相替代。

雅各布森对于隐喻和换喻的观点具有广泛的影响（图6-7）。他在关于失语症现象的研究基础上为这两种基本的修辞找到了证据，他发现在失语症患者的

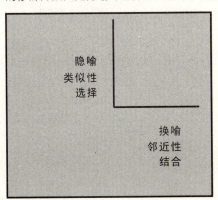

图6-7

言语行为中,其聚合关系的选择轴和组合关系的组合轴上,两种语言关系发生了混乱,即类似性混乱(similarity disorder)和邻近性混乱(contiguity disorder)。"诗功能即从选择轴上把类似性原则转换到了组合轴上。"

"有着'类似性混乱'的失语症患者在选择他们需要的词时发生了困难,而去依靠邻近性的词,从而产生了换喻(或者提喻)的错误。比如当他们想要表达'餐刀'时,却说成'削笔刀',或者要表达'叉'时说成'餐刀'。有着'邻近性混乱'的失语症患者在正确地进行语词结合时产生了困难,而去使用类似的词来进行隐喻的表达,比如把'显微镜'称为'间谍眼镜'。"

雅各布森的观点可以帮助我们更直观地理解两种主要修辞的特征,也表明对于修辞的运用需要一些"反常"的思维。

第四节 四种主要的修辞与世界观和意识形态的关系

修辞方式的不同运用不仅是方法性的问题。当我们自觉地频繁使用其中的某种修辞时,更体现着不同的思维方式、世界观和意识形态,也正因为如此,来探讨修辞的问题也就显得更为重要。

怀特把四种主要的修辞视作潜藏于不同历史图景下的"深层结构"。他把这四种修辞与西方四种文学流派、佩柏(Pepper)的世界观划分和四种基本的意识形态联系了起来,见表6-3所示。

修辞	流派	世界观	意识形态
隐喻	浪漫(romance)	形式主义(formism)	无政府主义(anarchism)
换喻	喜剧(comedy)	机能主义(organicism)	保守主义(conservatism)
提喻	悲剧(tragedy)	机械主义(mechanism)	激进主义(radicalism)
讽喻	讽刺(satire)	文脉主义(contextualism)	自由主义(liberalism)

表6-3

海登·怀特提出了在西方话语中的修辞学序列(最初是建立在历史著作分析的基础上),其顺序为隐喻、换喻、提喻和讽喻。怀特暗示了他所提出的修辞序列是与皮亚杰(Jean Piaget)的认知发展(cognitive development)的四阶段相平行的。并且他否认这一序列发展中较早时期的模式是低级的说法,而只是巧合(表6-4)。

怀特的修辞序列	皮亚杰的认知发展阶段	西方历史阶段
隐喻	感知运动阶段（天赋）(出生到两岁)	文艺复兴时期（16世纪）
换喻	具体运算阶段(2到6/7岁)	古典时期（17和18世纪）
提喻	具体运算阶段(6/7到11/12岁)	现代时期(18世纪晚期到20世纪)
讽喻	逻辑运算阶段(11/12到成年)	后现代时期（20世纪后期至今）

表6-4

海登·怀特的四部分修辞系统现在已经被广泛地引证和运用于其他领域，这种划分的运用常常是具有启发性的。

第五节 修辞在语意表达中的运用及其价值

通常认为，修辞（主要是隐喻）是一种需要被排斥的花言巧语，是浮夸的、过火的、空洞的。修辞经常被与理性相对照，被认为是激进的相对主义（relativism）或虚无主义（nihilism）的表现。这样的论断可能是出于这么一种片面态度，即：人们认为科学是"艰苦而严谨"的工作，而与之相对，带有修辞色彩的人文学科则是"轻松的"。

然而事实似乎并非如此。通常写诗歌或散文便会比记叙文、说明文要难，前者需要作者更多的创意，因为它需要比较独特的方式来表达你的意义和想法；后者则相对更理性，话语直白，结构上也更注重套路。

图6-8 "蚂蚁"椅（The Ant）

图6-8中，雅各布森设计的这款经典的"蚂蚁"椅便能让我们体会设计和语言是类似的，都是由于修辞的运用而使其独具魅力。

设计注重的是创意，但是创意的价值显然不是因为事物的外延，而是由其

语意的传达
Semantic Communication

内涵的产生。修辞就是产生丰富内涵的一个重要途径和方法，它用不同寻常的方式表达特定的内容。就像其他符码，修辞丰富的语言是一种文化或者亚文化现实维持系统的一部分。因此，修辞的价值毋庸置疑，修辞不仅仅是形式上的装饰和点缀，更是一种说服性的话语，也是我们所处的世界呈现多样性和变化性的保证。

修辞（尤其是隐喻）的运用需要丰富的联想和需要开放性的思维。一旦使用了修辞，我们发表的意见就变成了超出我们控制的、更为广阔的联想系统中的一部分。只有理性才最容易重复（重复的东西总和有一个原型或权威有关），而不一样的声音却来自情感和经验。修辞不是一教就可以套用的数学公式，也不只是个技术问题，惟有不断培养你的联想能力，才是有效地运用修辞性表达的关键所在。

第六节　无所不在的修辞

修辞在当代的学术复兴被称为"修辞转向"或者"散漫倾向"。这是对客观主义语言观念（源于西方17世纪）的激进挑战。这种当代思潮的中心主张认为带有修辞色彩的形式是深刻的，并且不可避免地包含于现实的建构当中的。卡勒（Jonathan Culler）指出它们组成了"一个系统，真正的系统，在语言中我们的意识通过它们来概念性地领会这个世界"。语言不是一个中立的媒介，它可以这样，却也可以是另一种模样。

过去人们认为修辞歪曲了现实，是一种诡计和欺骗行为，是美丽的谎言，华而不实，会误导我们的判断。因此要追求科学和真理，这样的话语就无法得

图6-9(a)　收音机

到承认。这种避免修辞语言的企图，与现实主义者客观主义的意识形态紧密地联系在了一起。语言和现实、思想和语言、形式和内容，被现实主义者看作是分离的，或者至少是可以分离的。现实主义者喜欢使用"最为清晰的"语言，认为这样可以精确地、理性地来描述事实。

通常我们可能会认为修辞丰富的表达主要体现在诗歌以及更为普遍的文学性作品当中。然而看似客观严谨的表达中同样会存在修辞的运用。因为话语的表达不可避免地涉及到我们身处的世界的建构，而不只是简单的反映。只不过许多我们无意识中使用着的修辞被外延化了，这使得我们在运用诸如"温馨的家庭"、"光明的未来"这样的修辞的时候显得理所当然，仿佛不具有修辞的性质。无论怎样定义，修辞丰富的语言习惯都构成了一个修辞符码，对于人们的日常表达和沟通来说显得非常重要，比如语言中大量的成语、深入人心的诗词名句、传统的图腾等等。

图6-9(b) 电话机

在设计中，修辞也是不可或缺的。如前所述，修辞赋予了我们多样的途径来述说"这一事物是（或者像）那样的"。因此，如果设计中不借助修辞，那么物理功能类似的产品将会显得千篇一律，产品语意的表达将是苍白甚至无法实现的，人类对于产品体验的丰富性也就无从谈起。

有时在日常生活中我们的注意力会集中于不同寻常的隐喻。然而更多的时候，我们对日常使用和碰到的大量话语情况却缺乏关注，因为它们显得如此确定和"透明"。这样的确定、透明的话语麻痹了我们，在我们只是理所当然地接受，却不需要让思路转一下弯。我们忽略了可以获得的体现丰富文化内涵的修辞原料，却让我们置身于所处社会的主导性思维方式中。现代主义设计风格的垄断性已经表明，过分一致的表达方式带给人类社会的只会是苍白和乏味。而在很长一段时期内，设计师都在默许和认同中巧妙地维持和共享着这一方式，却避免表现和使用那些修辞丰富的话语。

语意的传达
Semantic Communication

图6-9(c) 餐具　　　　图6-9(d) 厨具

　　如今，设计中修辞的运用正变得越来越频繁，日新月异的设计技术使复杂修辞的运用成为可能。毕竟设计不会永远只是对黑与白、直线和方块的隐喻，当代的设计话语也已经不是现代主义千篇一律的外交辞令了。设计是用来创造而不是维持我们所处世界的面貌的。设计创意需要敏感的眼光，设计师需要习惯用新鲜好奇的眼光来看待世界，对看似普通的事物都能够产生足够兴趣（图6-9）。因此可以试着多问问自己，为什么这个事物一定要这个样子，换种别的样子不行吗？让自己多做做白日梦，幻想一下我们所处的世界可以是怎样的一个世外桃源。

第七章　产品语意传达中的开放性思维

产品语意研究涉及意义和符号。通过产品，设计师可以深入到人类符号表达的整个领域，在广阔的时空范畴内获得合适的语意表达的资源来充实设计；这样，在开放设计思维的同时，也为使用者提供了更多获得实用之外意义的机会。

第一节　设计作为一种诠释性活动

要从更广阔的范围内获得产品语意传达的资源，我们首先需要将设计活动视作一种改造性的活动——对现有产品的诠释性改编。可能我们通常认为设计是比较注重原创的工作，但从符号学的观点理解，设计则更是一种改造性的活动。设计师根本上也只是个诠释者和改编者。对于语意性设计而言尤其如此，因为产品的内涵意义需要建立在外延意义基础上。

语意的传达
Semantic Communication

其实,符码和诠释的概念已经模糊了作者和读者之间的清晰界限。在我们承认文本的读者具有的积极诠释的本能和权利的同时,与之联系的文本的"作者"的真实身份与作用也就受到了质疑。

依照符号学观点,从某种程度上说符号系统不但有着超越个体控制的权利,而且有着决定个人主观性的权利。符号学家们反对文本和作者的单值性的观点,并将其视作文学和美学中存在的根深蒂固的偏见,他们认为任何一个文本和作者都不可能是独创的,而是必然建立在已有的符号系统的基础之上,"作者身份"只是一个历史发明。对于任何沟通而言,我们都必须利用业已存在的概念和惯例。

图 7-1 瓦西里椅　　　　　　　　图 7-2 Wiggle Side Chair

图 7-1 是瓦西里椅(Wassily Chair),马歇尔·布鲁尔(Marcel Breuer)设计的世界上第一把钢管椅,极具原创性。然而他同样需要利用业已存在的概念和惯例来进行设计。瓦西里椅是对原有"椅子"概念的新颖诠释,这种诠释风格源于包豪斯深邃的民主、科学的设计思想,并受到荷兰风格派、苏联构成主义形式风格的深刻影响。这些符码和社会环境元素都左右了设计的形式元素,而这些形式元素也在无意识中左右了设计中可能蕴含的语意,尽管当初布鲁尔可能更多地是从功能上去考虑进行设计。

图 7-2 是美国解构主义大师弗兰克·盖里(Frank Gehry)1972 年设计的 Wiggle Side Chair,同样极具原创性,却也同样受到已有符码和社会文化因素的影响,它是对椅子的解构性诠释,其设计理念是其建筑思想的延伸,并且受到法国解构主义哲学家雅克·德里达思想的深刻影响,是类似的解构主义意识形态意义在设计中的体现。如果缺乏这一背景,弗兰克·盖里是无法设计出

类似作品的。

众多理论家都从语言符号的角度阐述了类似的观点。索绪尔便强调语言是一个预先存在于个体说话者的系统。罗兰·巴特宣称"是语言在说话，而不是作者；对于书写而言……要知道这一点，那就是只有语言在表现、表演，而不是'我'"。1968年，巴特宣称"作者已死，读者开始行动"。在著名的《S/Z》一书中，巴特解构了巴尔扎克（Balzac）的小说《萨拉辛（Sarrasine）》，寻求解构其独创性，以此表明这一文本反映了多样的声音，而不只是巴尔扎克的。巴特认为巴尔扎克在语言中是"自我表现的"这样的观点是纯粹理想主义的，因为我们不可能走在语言前面。

如果马歇尔·布鲁尔只是无意识地受到所接纳的意识形态的影响进行着语意的传达，那么，语意学则需要我们有意识地运用消费者能够理解和接受的符号来实现沟通的意图，达到使消费者能够更好地理解、使用和享受产品的目的。这些因素决定着我们设计的结果。一个设计作品的情境设定是通过其他文本进行的，这些外在于设计师的因素，由特定的符码和文脉决定，和产品的使用者有关。

因此，产品语意的传达如同文学作者用文字书写文本，并不是绝对原创性的活动，而是一种诠释性的活动。灵感不会自然而然地从内心产生，而只能由外部因素激起。设计师的闭门造车是不可取的，要真正充实自己设计的意义潜势，功夫还在设计之外。

第二节　文本间的联系性

1．通过文本间的联系性获得创意概念

设计是一种诠释性的活动，而产品诠释性意义的产生需要使一个符号或众多符号在进行建构时涉及到其他的符号和文本，这样的联系在符号学中被称为互文性，即文本间的联系性。这里的文本不只涉及文学文本或者产品文本，还可以是任何对于人类而言具有意义的事物。任何符号都有它们存在的特定的系统架构——符码，而当两个符号处于不同的符码的时候，这种联系也可能是符码间的。

符号学上的互文性（Intertextuality）概念是由朱莉娅·克里斯蒂娃（Julia Kristeva）提出的。根据克里斯蒂娃的概念，一个产品文本便可以根据两个轴展开（图7-3）：水平轴连接产品的设计者和使用者（读者），垂直轴连接这一产品和其他文本（不一定是产品）。她认为这样的思路要优于把注意力局限在一个文本的思路。联合这两个轴的是共享的符码，因为每一个文本和每个阅读

语意的传达
Semantic Communication

活动都依赖于预先给定的符码，克里斯蒂娃指出"每一个文本从一开始就处在其他话语给定的权限之下，这些话语为它规定了一个领域。"

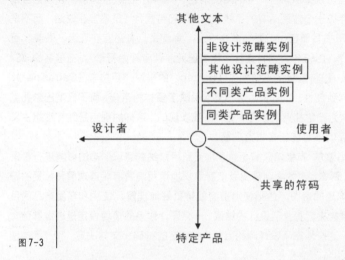

图7-3

依据这样的思路，互文性所涉及的联系性可以在两个层面展开：
(1) 一个符码中每个实例与这一符码中的其他成员之间的联系。
(2) 一个符码中的实例与其他符码中的实例间的联系。

图7-4

这一设计的文本间的联系便可在两个维度上展开，首先是与功能性实例（小容器）间的联系，其次是和其他符码实例（药丸，tablet）间的联系（图7-4）。

这样，通过能为消费者共享的符码以及产品所处的文脉，语意的传达就被安置在一个开放性的维度中。互文性的概念提醒我们每个文本都存在于与其他文本的联系当中，一个文本可以从其他文本中获得比从它的作者那里更多的东西。万维网就是一个明显的例证，与一个网页连接的超文本（hypertext）可以直接地与其他网页连接，把读者直接引入到其他文本的内容中去（而不管作者身份和所处位置）。这种形式的互文性最为典型地瓦解了文本常规的线性，阅读起来，就很少有追随作者预先确定的标准顺序和内容的问题。其实，在任何媒介中都能够涉及类似的概念，文本的边界是能够穿透的。没有一个文本是完全自我的孤岛，每一个文本都根据不同的类型和媒介存在于一个广阔的社会文本中。

通常，我们可能认为文本是有边界的，每个文本都是一个自治的领域。然而互文性质疑了这一观点，并对文本"内部"和"外部"的二元分裂提出了怀疑。罗兰·巴特认为："一个文本是……一个多维的空间，其中存在的多样性的作品混合和冲突着，它们之中没有谁是根源性的。文本是一个由引用组成的织体……作者只能模仿一种业已存在的类型，而不可能是独创。他的惟一权利是去混合各种作品，用其他各方来反驳一方，以这样的方式，是决不会在其中一个上停顿下来。"作者没有权利去建构文本，然而却有权利去进行生动的拼贴和解构，并且这样的活动是主观的，符号系统没有权利让它停止下来。福柯则认为，"一本书的边界不是清晰的：它超越了标题、第一行和最后一个句号，超越了内部的结构和自治的形式，它有着一个其他书籍、其他文本、其他句子组成的参考系统；它是网络中的一个节点……书籍不仅仅是一个掌握在某个人手中的物体……这一统一体是可变的和相对的"。

一个文本可以运用多样的途径通过其他文本建构而成的。我们对于任何个体文本的理解和诠释都和这样的一个背景相关。个体的文本提供了一个环境，在这个环境中其他的文本可以被再创造和诠释；反之，个体文本需要运用源于广阔文脉中的多样的符码。

2．符码中的联系和符码间的联系

互文性的概念表明一个文本中对于其他文本的暗示是不可避免的。我们得承认设计在很大程度上来源于借鉴和模仿，然而借鉴和模仿也是有差异性的。如果在设计一件产品时，只是从产品本身进行考量，只是参考类似产品的设计；如果一名设计师，只是关注于设计技术本身，只对产品设计领域内部的事物感兴趣，那么，这种借鉴和模仿的范围将是狭隘的，会限制获得语意传达的灵感，甚至根本无法实现有效的语意传达。

一个产品对其他文本的参考、借鉴、引用是必然的。作者身份的虚无在公司风格中得到了极致的体现。如图7-5，是几家不同的公司生产的数码录音机，它们的作者应该是不同的，所采用的形式亦不同。然而你不会去注意它们的作者，因为作者已经成了符号系统的附庸，这样的联系只是在一种设计语言、一种符码、一种风格中发生。建立在这种基础上的文本联系性，能获得的语意传达的途径是有限的。

语意的传达
Semantic Communication

在单一的符码中（比如产品符码）能够产生的联系性是有限的（比如同一个产品中一个按键和另一按键之间的联系），然而，一个文本可能包含了若干个符码：比如隐喻的运用。

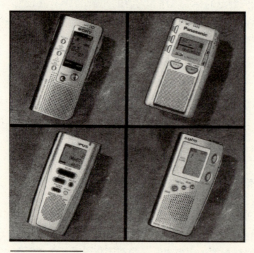

图 7-5

如图 7-6，埃罗·阿尼奥（Eero Aarnio）设计的不同形式的椅子，其中体现的文本间的联系程度就要复杂许多，它穿越了一个系统，而与较广阔系统中的符码和文脉融合，这使得共同的主题因符码的不同而显得差异，体现了设计师丰富的想像力。

此外，特定的风格作为一个符号系统或者符码，形成了一个制度化的却也是动态的系统。一个风格中的每一个实例都运用了制度性，这使它和一种风格中的其他成员联结在一起。文本间的联系也可以反映在风格边界的模糊性中。设计师可以从各种具有独特风格的领域中获得产品语意传达的创新概念。

西门子手机设计开发项目组成员在接受杂志记者采访时曾谈到，"在手机设计方案的具体深化过程中，也有很多种获取设计概念来源的方法。如在针对商务用手机的设计中，基本的设计语言描述是：精确、可靠、锋利等等。我们尝试在意大利品牌'阿玛尼（Armani）'的西装裁剪、缝线工艺中寻找感觉。而针对有'纯粹、神秘感、象征意味的' SL 级别手机的设计中，我们则是在时尚品牌'古琦（Gucci）'的系列产品中寻找类似的设计语言。这种设计方法，也让我想起之前在穆特修斯艺术学院就学时的一个课题项目。那是为摩托罗拉德国公司所做的一个手机项目，每位学生自己寻找一款在市场上较为成熟的品牌，手机品牌除外。然后分析这一品牌所固有的设计风格特征，并将这一设计语言运用到摩托罗拉的手机中去。涉及到的品牌有意大利的时尚品牌帕拉达、德国宝马公司的副牌小型轿车 Mini 以及大众化品牌瑞典宜家家具等等。最后项目完成的结果非常好，出现了许多耳目一新的机型。"（摘自《产品设计》杂志）

第七章　产品语意传达中的开放性思维

图7-6

　　可见，有意识地将各种范畴，不同风格的文本联系起来考虑，可以使设计师获得更多创意性概念。对于设计师而言，文本间联系性的观点不仅有助于模糊设计文本间的边界，而且也有助于模糊设计和各种生活体验之间的界限。

　　的确，可以认为在我们的生活中，不可能去理解先于各种文本的体验。我们所认识的世界仅仅是它现在的表现。我们对于世界的大量认识都是源自我们所阅读的书籍、报纸、杂志，我们所看的电影、电视，我们所听的广播；并且随着这些媒介通过各种文本传达的信息的变化，我们也会改变对于世界的观点和看法。因此，生活是在文本中度过，并在很大程度上为这些文本所设计着。这样的观点似乎超出了我们普遍的认识。

　　比如当我们从小城镇走进大都市的时候，会强烈地感觉到扑面而来的纷繁的文本，冲击着我们的观念；而当西方人来到中国后，也会强烈的被陌生东方文化的各种文本（行为方式、服饰、建筑等等）所感染。作为设计师，这些都可能成为创意的源泉，这些信息不是设计师在一个固有的环境中可以获得的。对于设计师而言，有意识地丰富自己的眼界是相当关键的，这些都是我们参照和诠释的对象，它们不只是局限在设计领域，还可以建立在更多维度上。设计作为一种诠释，可以加入其他的符码，对他人文本进行再编码。创意不是创造全新的符码和文本，不会存在稳定的没有历史、没有嬗变的符码和文本，

语意的传达
Semantic Communication

而是将似乎不可能同时出现的符号美妙地交织起来以产生新鲜的内涵。

设计是用来创造人类的梦境的，设计师的诠释则将造梦和释梦合而为一。现实中的一朵云会被人们幻想为各种奇妙的东西，普通的星星会被人联想成美丽的星座。行色匆匆的现代人已经越来越不会做这样的白日梦，"为一个没有时间做梦的世界提供梦想"，这个许多意大利设计师共有的理想在今天或许应该分享给全世界的设计师，设计需要给我们的生活带来缤纷。

第三节　对于文本间联系性的自反性考虑

文本间的联系性不是在一个单一维度上的展开的连续统一体。至于我们应当从什么样的维度来进行探寻，也没有什么一致的意见。文本间的联系性是完全开放性的和敞开性的。然而，这种自由度可能会使我们对它的存在和价值缺乏自觉的认识。因此，自反性（reflexivity）就成为了一个重要的问题，设计师需要自觉地考虑互文性有多么显著。

对于文本间联系的认识可以包括以下方面：

自反性：对互文性的自觉运用是如何存在的，借鉴和模仿了何种符号或符码。

改造程度：对原始材料（其他文本）的改造和借鉴程度。

明确性：对其他文本参照的特征性和明确性（比如直接引用、特征引用）。

理解的临界程度：文本间联系的可理解性，使用者是否能识别和认同这样的联系性。

图7-7

对于文本间联系性的自反性考虑是极为重要的，这可以使我们自觉地去探究产品中所包含的与其他符号之间的联系性，并积极地去使用它。对于隐喻丰富的产品，设计师都清楚地知道自己改造了哪些原始材料，例如图7-7中挂钩的色彩和形态，明确地表明了它对迪斯尼动画影片中角色所做的改造。

第八章 通过邻近性符号传达功能语意

产品语意可以通过各种关联性产生，而邻近性关联则是最为直接的一种方式。设计师可以运用换喻性表达，通过符号的邻近性关联产生功能性语意。

第一节 换喻的概念与特点

换喻本质上是运用一个符号的意义去代替另一个意义的表达方式，而两者在许多方面是直接相关或者紧密联系的（比如：用"你的脸已经很红了"指代"你已经喝了很多酒了"，用"想不想去开心一下"指代"想不想去玩一下"，两者存在因果上的联系）。这种联系性和指示符号所体现的形式与意义之间的联系性是类似的。因此换喻可以理解为通过指示性联系将我们期望表达的但是缺席的意义召唤出来。正因为换喻建立在所指（意义）之间这种多样的指示性联系之上，因此可以为产品语意学所运用，用来传达产品缺席的功能性语意。

语意的传达
Semantic Communication

同时,换喻的这种指代关系是建立在附属性(共同存在的事物)或者功能关系基础上的替换。雅各布森指出,隐喻是建立在类似性基础上的替代,而换喻中两个符号之间的联系则是建立在邻近性或接近性基础上的替代。这样的概念和区别显得更加简明扼要。

因此,许多换喻可以使抽象的意义变得更加具体(比如用原因来替代效果)。换喻的价值在于可以表现另一个与现有主题有关但却缺席的事物或者主题。如同隐喻,换喻也可以是视觉的,可以用于一个视觉性显现的事物。因此换喻在设计语言中同样适用。

在视觉媒体中,换喻的运用非常广泛。例如在香烟广告中,法律禁止对于香烟自身或者抽烟者进行描述,所以可以用换喻来表现缺席的主题(在万宝路香烟的系列广告中,通过美国牛仔形象——目光深沉、皮肤粗糙、浑身散发着粗犷、豪气的英雄男子汉,来召唤出缺席的万宝路形象,粗犷豪放、自由自在、纵横驰骋、浑身是劲、四海为家、无拘无束的牛仔代表了在美国开拓事业中不屈不挠的男子汉精神,而这也正是万宝路品牌的内涵意义)。

图8-1

在产品语意表达中,换喻可以有效地召唤出潜在或缺席的功能性意义。

比如,图8-1中所示的专门用来挂钥匙的挂钩,设计师借用钥匙这一符号来召唤出缺席的特征性功能意义,其符号的形式和意义之间存在指示性关系(表8-1)。并且,这一替代建立在两者的邻近性基础上。

指示性联系	
形式	意义
具有邻近性联系的符号形式	期望表达然而缺席的功能性语意
比如:钥匙的形式	比如:用来挂钥匙
即:通过钥匙的形式来表达潜在的但是缺席的挂钩的具体功能属性	

表8-1

换喻的运用首先需要建立在功能分析和功能定义基础上（图8-2）。

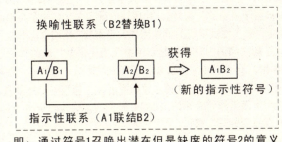

图8-2　即：通过符号1召唤出潜在但是缺席的符号2的意义

如图8-3、图8-4所示，通过功能定义，把产品构件的功能从产品实体中抽象出来，从而明确产品构件的功能性：

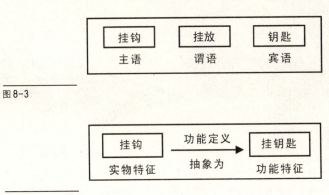

图8-3

图8-4

第二节　换喻的方式

在此基础上，设计师便可以寻找恰当的符号载体和这一功能特性联系起来，使抽象的功能意义以我们更为熟悉的方式呈现，其途径当然是多样的，并建立在设计师的经验和联想基础上。

换喻与我们的经验关系密切，因为它们通常涉及直接的联系，而不需要从一个领域到另一个领域的变换（一个想像的飞跃）。在产品语意传达中，我们可以通过特定方式的替代将潜在或缺席的功能意义召唤出来，比如：

1．使用地点代替事件（或地点代替使用者）

产品使用的地点和使用者的信息是无法在产品中直接显现的，因此，我们需要通过替代性来间接地传达出这些意义。

雅各布森指出，换喻形式倾向于在散文中被置于显著的位置，而隐喻形式倾向于在诗中被置于显著的位置。他认为所谓的现实主义文学是与换喻原则亲密联系的。这样的文学性表现行为就像因果关系那样，是建立在时间和空间的邻近性上的。在散文和词中，换喻起到渲染意境、借景抒情的作用。比如："多情自古伤离别。更哪堪冷落清秋节。今宵酒醒何处，杨柳岸、晓风残月。""晚景萧疏，堪动宋玉悲凉。水风轻、萍花渐老，月露冷、梧叶飘黄。"

电影被认为是最常用到换喻的，比如电影中的长镜头的使用，就起到换喻的作用，以产生强烈的写实感。

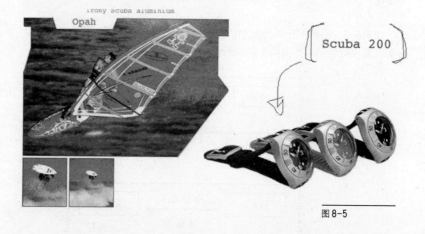

图 8-5

在图 8-5 斯沃琪的招贴中，通过换喻手法来体现手表的功能属性。

换喻渲染意境的作用可以用来传达产品的使用情境信息。

见彩图 51，Sony 公司的概念性设计，名为 "Voice Balloon"，白云状的界面、气球状的外形，产品形式本身渲染着音乐播放器可能的使用情景，还有使用者轻松快乐的心情。

如同摄影时长镜头的运用，设计师可以用换喻性的思维联想，召唤出产品的使用情景，并用隐喻的方法将其巧妙地表现出来。

2. 效果替代原因

产品的运用效果和品质往往是抽象或缺席的，无法通过产品形式直接表述出来，设计师可以运用替换性的表达间接地将其召唤出来。

为了表达这款塑料瓶回收处理器的功效，设计师运用了基于原因和效果的临近性的形象替换。挤压部件的表面被处理成褶皱状，既可防滑，也暗示了塑料瓶被挤压时的状况；产品整体形式被隐喻性地表达为一株充满生机的幼苗，却也是脆弱的，需要小心呵护。这一形象生动地暗示着使用这一产品可以获得的环保效果，提醒人们多去关注人类的生存环境（图8-6）。

图8-6

图8-7

如图8-7，电动工具的按钮采用了高纯度的红色，不但与机身色调形成鲜明对比，突出了其重要性，也暗示了其操作效果：按下按钮后电动工具便会运转起来，这是通过红色的联想性意义所产生的。产品中的开关键经常使用富有活力和激情的颜色，例如鲜亮的橘红色或橘黄色，暗示着按键的操作效果，见彩图15、彩图17、彩图18。

图8-8

语意的传达
Semantic Communication

3．使用者替代使用对象（使用者替代使用状况）

图 8-8 是鲁吉·科拉尼设计的佳能照相机方案。目镜处抽象的眼睫毛形态以及调焦处的指痕形态，是为了指示出照相机是如何操作的。当操作照相机时，眼睛和手会出现在指示处，这是一种邻近性关系。

图 8-9　手提袋　　　　　图 8-10　佳能相机

与人机工程学相配合，许多产品有着与人体相关的暗示（图 8-9）。人类的身体是设计师最有力的也是最常用的语意资源。如图 8-10 中所示的佳能相机设计同样采用了清晰的指痕形态暗示其操作方式。

4．实质替代形式（或生产者替代产品）

图 8-11 是一个用来存取奶酪的容器，设计师为了表达其功能属性，将其设计成了抽象的"牛头"形态，暗示了这一产品的功能和奶牛的关系。

图 8-11　奶酪容器

图 8-12

　　图 8-12 是一系列装调料罐,设计师为了将各个调料罐的功能直观地区分开来,将调料罐的提手设计成了制作这些调料的植物形象,并将调料罐整体隐喻性地设计成了盆栽的形式,使普通的产品显得与众不同,充满了情趣。

　　特定种类的换喻通过聚焦于概念的特定方面,而忽略其他没有与换喻相联系的方面,同样可以影响我们的思维、态度和行为。

5. 整体替代部分

　　这样的例子是非常多的,如前文提及的照相机、电话机例子中,便将具有功能关联性的按键组合起来进行设计,见彩图 5、彩图 6。

6. 部分替代整体

　　部分/整体关系的替代有时被认为是特殊形式的换喻或者作为一个独立的修辞形式,称为提喻。雅各布森注意到换喻和提喻都是建立在邻近性基础上。照相、电影中的特写镜头(**close-up**)就是一个典型的提喻,用部分表现整体。特写镜头把人们的注意力聚焦于部分之上,部分之外的整体就好像也有着

语意的传达
Semantic Communication

与这部分所描述的同样的面貌和特征。特写镜头使我们能够在心理上将特定帧进行扩张；提喻可以突出一个部分同时掩饰其他部分。

图 8-13

如图8-13所示的计算器设计虽然简洁美观，但是不便于人们进行认知和操作，我们可以通过整体替代部分和部分替代整体的方式来简化人们的认知，比如电器和电子产品的电源开关键一般便被设计得非常显著和惹眼，如彩图11~彩图13。

第九章　隐喻与产品功能语意的传达

第一节　隐喻的概念与作用

　　隐喻被认为是最为普遍的一种修辞方式，运用隐喻性的表达方式，设计师可以通过类似性符号的象征意义，传达功能语意。

　　从不同角度出发，隐喻的定义可以有很多。这些定义的共同点是：隐喻是用一种形象取代另一种形象而实质意义并不改变的修辞方法。并且这种取代建立在两种形象的类似性基础上。比如，形容一个人"声音非常好听"，可以用"天籁"、"富于磁性"等形容词来进行隐喻。两个形象之间存在感觉上的类似性，尽管这种类似会显得夸张而模糊。

　　如图9-1，风扇的形象为植物的形象所取代，而其实质意义（风扇的外延意义）并不改变，联系两者的法则是风扇和植物形象间的类似性。

　　然而，由于实质意义和基本意义只是意义的一个方面（外延层面），在实

语意的传达
Semantic Communication

质和情绪基础上的各种联想和引申意义也是必不可少的（内涵层面），特别是在大多数非科学文本中。在文学修辞学中，由隐喻产生的增添意义或转移意义甚至不低于实质意义和基本意义，它可以帮助我们更为直观更为精细地理解这一形象。

图 9-1

图 9-2

如图 9-2，为了使无法直接传达的壶哨的抽象的功能意义（外延）——鸣叫提示功能直观地显现出来，设计师借助了另一个类似性的动物符号来进行辅助表达。壶嘴上的欢叫雀跃状的小鸟使人很容易便联想到"壶哨可以像鸟一样鸣叫"。而在表达这一基本意义的同时，小鸟的形态又会产生引申意义，带给人欢快、活跃以及可爱的额外感受，体态虽小却具有一种画龙点睛的效果，赋予普通的茶壶独特的魅力。这样的增添性意义显然不低于其基本意义。

如图 9-3，这是传统光学器材厂家德国莱卡（LEICA）公司推出的相当复古的数码相机——莱卡 Digilux2。古典美与现代电子技术的完美结合使得这款数码相机一公布就引来了一片掌声。Digilux2 的外形相当的复古。金属的机身、皮革质感的蒙皮、红色的莱卡商标、传统的镜头设计透露出其贵族气质。在操控方面，这款相机与传统的莱卡相机如出一辙，我们可以使用手动变焦环来改变焦距，也可以使用镜头上的手动对焦环来进行手动对焦操作。与普通使用参数拨盘或按钮设置光圈的数码相机不同，Digilux2 采用位于镜头上的光圈设定环来设定光圈大小。而快门的设置也采用与莱卡 M6／M7 几乎相同的定置快门转盘来设置。这一切设计都是为了让操作者有"传统"的感觉。一直以来数码相机都具有相当浓重的现代味，我们通过各种各样的按钮以及菜单来控制相机。然而，莱卡却提供给我们别样的风味——一款在操作上几乎与传统相机完全一样的现代相机,无论是造型上还是操作上都散发出一种古典美。复古的款式让使用者便于认知和操作,但其增添的情感意义显然不低于其传达的基本意义。

图9-3

我们一般通过隐喻方式,根据我们更为熟悉的或者更为简单具象的定义模型,来表达我们所不熟悉的事物或者复杂抽象的事物。日常的语言中有着充足的例证,可以表明思想和视觉隐喻是联系在一起的(比如光明、灿烂、阴暗、清晰、反射)。许多复杂精细的情感和思想如果不借助隐喻是很难显现的。因此隐喻的作用并不只是哗众取宠,而是我们认知的一座桥梁。拉科夫和约翰逊认为"隐喻的本质是根据另一种事物来理解和体验一种事物"。在文学术语中,隐喻是根据修辞性的次要主题来表现一个"确定的"、首要的主题(要旨)。比如,海涅所说的:"经验是所好学校,然而学费是高昂的。"在这种情况下,"经验"这一首要的主题便根据"学校"这一次要的主题来表现。因此,很典型地,隐喻根据我们更为熟悉的定义模型来表达抽象的事物。在产品语意学中,我们便可以用隐喻来表达抽象的功能语意(这个产品具有怎样的功能或者它如何操作)。

见彩图25,设计师巧妙地运用了隐喻的这种功能,通过我们更为熟悉的"欢叫的小鸟"这一次要主体展现出了"壶哨的鸣叫提示功能"这一首要的主体。隐喻的作用和价值在这一设计中得到了充分的体现。

正因为隐喻体现出的这种作用和价值,隐喻也就区别于现代主义设计中极力排斥的通常意义上的装饰。某种程度上,装饰也可以理解为增添性的隐喻(通过增添隐喻性的部件),而产品语意学关注的则是替换性的隐喻,隐喻性形

103

象需要和原有的产品构件巧妙地融合在一起（图9-4）。

图9-4
巴洛克风格的圣水壶和水罐设计，充满了浓郁的装饰意味，增添性的形象甚至掩盖了产品首要的意义传达。

第二节　隐喻与换喻的区别

换喻是运用一个所指去指代另一个所指，并且两者在许多方面是直接相关或者紧密联系的。而隐喻则相反，隐喻是建立在明显的非相关性之上（两者无实质性关系）的。换喻把意义（所指）放置在显著的位置，而隐喻则把形式（能指）放在显著的位置。换喻的指示性也倾向于暗示它们是直接与现实相联系的。相比较而言，隐喻则是图像性或者象征性的。

此外，换喻是从邻近的领域中寻找切入点，而隐喻则需要从一个领域到另一个领域的变换（一个想像的飞跃）。比如从产品领域转换到植物和动物领域。因此相比换喻性思维，隐喻对于想像力的要求显然更高，需要一种更加跳跃性的思维。如果说换喻是和现实主义相联系，那么隐喻则与浪漫主义（romanticism）和超现实主义（surrealism）联系在一起。

而在产品设计中，换喻的使用看起来似乎总会涉及到隐喻，因为换喻的形式需要与产品的固有形式进行融合。但不管怎样，它们的思维方式是根本不同的，前者涉及产品的邻近性符码，而后者则涉及产品的类似性符码。

图9-5中作品的创意思路体现了换喻与隐喻的差别。体重计像一对脚丫，这看起来像是通过形式上的类似联系起来的隐喻，但这样的说法未免牵强附会。设计师的灵感显然更是从换喻的邻近性思维而来。

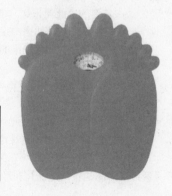

图9-5

称体重时我们得将双脚搁在体重计上。因此，从产品语意学观点来看，体重计"像"一对脚丫（或者脚印）肯定比像其他事物更有逻辑性也更恰当。

第三节　基于形式类似的隐喻和基于意义类似的隐喻

在第三章中，我们已经提及的隐喻的运用可以产生内涵，隐喻是通过两个符号形式（能指）上或者意义（所指）上的类似性产生联系的（图9-6）。

图9-6

因此我们可以根据隐喻中类似性联系的不同将隐喻分为两类（表9-1）：

隐喻类型	语言例子
基于形式（能指）上类似的隐喻	蜿蜒的公路
基于意义（所指）上类似的隐喻	光明的未来

表9-1

1．基于形式类似的隐喻

产品设计中的许多隐喻所传达的内涵意义与产品的功能意义（外延意义）没有什么直接关联，因此我们可以将其视作建立在与产品形式的类似性联系上。尽管设计师在构思这样的隐喻时可能并非仅从形式上类似考虑，而是会和产品所处语境的意义关联起来。

总的来说，设计师在进行创意的时候，主要是将两者的形式上的类似性作为考量，这需要形式上的联想能力。比如设计中常用的仿生手法便是对特定范畴符码形式层面的隐喻。

由于这种类型的隐喻无法传达出产品的功能性意义，因此容易被认为缺乏实际价值，显得华而不实。对此，我们将在下一章中进行详细探讨。

2．基于意义类似的隐喻

而基于意义层面类似的隐喻可以通过产生内涵意义，间接传达出产品无法直接传达的功能性意义。其中，隐喻产生的内涵意义与产品的外延意义（功能性意义）类似。

图9-7是阿莱西公司生产的名为"太妃糖（toffee）"的糖盒，通过两个形象意义上的类似性——两者的基本意义都与糖有关，将两个形象巧妙地联系了起来，

语意的传达
Semantic Communication

而更为熟悉的太妃糖形象使使用者在认知糖盒时会觉得更为直观且亲切可爱。

图 9-7

第四节　隐喻传达产品的功能与操作

1．隐喻传达产品的功能

首先，设计师可以运用隐喻，通过另一个我们熟悉的形象所产生的内涵意义来传达产品的身份——这个产品是什么？

图 9-8

在如图 9-8 的门铃设计中，设计师用我们熟悉的电铃形象来替代"门铃"的形象，而通过电铃产生的内涵意义便可传达出门铃的功能是什么。使用者便不用再去努力判断这究竟是门铃还是灯的按钮，直觉地确定了其身份。我们可以借助第三章中对于符号意义的拆解方式对其进行分析。

其中：F 为"形式"（Form）

　　　M 为"意义"（Meaning）

　　　R 为"关系"（Relation）

第九章　隐喻与产品功能语意的传达

第二层次　　电铃的形式（F）　　R　　发出铃声（M）
　　　　　　　　　　　当作↑↓拆解
第一层次　　　　　门铃的形式（F）　R　发出铃声（门铃的功能）（M）

联系两者的功能性意义同样是通过对产品的功能性分析获得的，因此隐喻的运用首先也需要建立在功能分析和功能定义基础上（图9-9）。

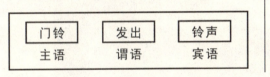
图9-9

通过功能定义，可以把产品构件的功能从产品实体中抽象出来，从而明确了产品构件的功能性（图9-10）。

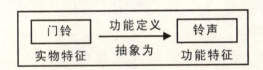
图9-10

在此基础上，设计师可以寻找恰当的符号载体和这一功能特性联系起来，使抽象的功能意义以我们更为熟悉的方式呈现，呈现途径当然是多样的，并建立在设计师的经验和联想基础上。比如在迈克尔·格雷夫斯设计的水壶中，设计师便分别运用了我们熟悉的"哨子"形象和"快乐的小鸟"形象来召唤出壶哨的功能意义。而在如图所示的灯的设计中，设计师分别用了我们熟悉的照明工具——蜡烛和灯泡的形象来传达出"这个产品是什么"（图9-11）。

图9-11

107

语意的传达
Semantic Communication

　　这种思路同样可以使用在较为复杂的产品中，比如技术含量较高的电器和电子产品，设计师通过使用者更为熟悉的形象来进行人机间的沟通。

图 9-12

　　如图9-12是书状的电脑，这款电脑的设计是出于我们通过各种书的学习、工作和消闲的考虑，而把电脑的不同功能部件设计成大小高低不同的书的形状，使人感觉亲切熟悉，从而便于认知，并可区别各功能部件的差异。如果这些"书本"有更加丰富的形式和色彩，那么使用者在认知上将更为明确清晰。囿于当时电子产品的设计风格，设计师仍采用了同一的暗色调，从这点看来，苹果 iMac 电脑的设计确实可称之为异常革命。

　　如图 9-13 是相框状的电脑，像框是用来展示的，而监视器的功能与其类似。这一巧妙的设计使电脑优雅、富于亲和力并便于认知，同样使人备感亲切，拉近了使用者和高科技工具之间的距离。

图 9-13

2．隐喻传达产品的操作

隐喻也可以传达出操作性意义，使使用者直观地理解产品的操作过程。

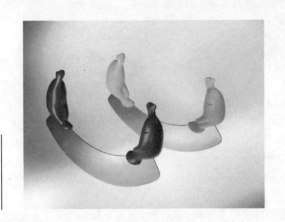

图 9-14

如图 9-14，刀的设计运用了玩跷跷板的人的形象来指代刀把的形象，将两者联系起来的基础是行为动作上的类似性。

第二层次　玩跷跷板的场景（F）　R　两人分别上下跷动（M）

　　　　　　　　　　　　　　　当作↑↓拆解

第一层次　　　　　　　　　　刀的形式（F）　R　双手分别上下跷动（M）

　　　　　　　　　　　　　　　　　　　　　　　　　（操作性意义）

对于刀的隐喻分析，同样需要建立在功能分析和功能定义基础上（图 9-15）。

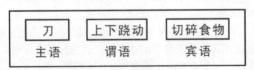

图 9-15

通过功能定义便可把产品构件的操作行为（谓语）从产品实体中抽象出来（图 9-16）。

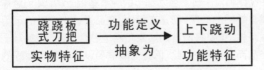

图 9-16

语意的传达
Semantic Communication

"狗"这一形象使我们很容易联想到"咬"这一动作,和操作这一产品时"夹"的行为类似。尽管架子的形式本身暗示了这一产品的功能性意义,但这一动物的形象显然更为有趣可爱(图9-17所示)。这里,隐喻的内涵意义与产品的功能意义恰如其分地融合在了一起。

图9-17　　　　　　　　图9-18

如图9-18中的电话机,设计师首先对电话机的操作方式进行了革新,将其设计成翻页式。在此基础上,为了使使用者直观地理解这种新颖的操作方式,设计师便使用类似于我们熟悉的分类记事簿的形象替代了传统的电话形象,使这一创新性产品具有亲切感。可开合的数页薄板,就像一页页的纸,"翻阅"它们时便会转换到不同的工作模式。突出的翻页部分类似于分类记事簿的书签,翻动起来非常直观方便。而如果能将不同模式的页面或翻页处用不同的色彩区分开来就更加便于认知和操作。

彩图21中CD播放机的操作异常简单和直观,使用者只要将CD装进去,然后拉一下那根绳索,就能享受到美妙的音乐。这个简单的设计为设计师深泽直人赢得了IF金奖和设计周金奖。深泽直人是美国著名设计公司IDEO的设计师,他于1991年加入洛杉矶的IDEO,1997年回到东京组建了日本的IDEO分公司。深泽直人对于人们在日常生活中的微小却又显而易见的动作具有强烈的兴趣,并总是试图将这些无意识的动作融入到自己的设计当中。这个CD播放机便是最好的例子。为了方便使用者的认知和操作,设计师不但将机盖设计成透明的CD大小的圆形以便将产品的身份直观的传达出来,并且用了使用者更为熟悉、更具亲和力的拉绳开关取代了电子产品中普遍使用的各种按键开关。这样,在使用者直觉性的拉绳过程中,CD机便启动了。语意性设计的联系性是建立在设计师对于日常生活细节的观察基础上的,其创意需要设计师对于生活的热情与敏感的态度。同语言相比,产品设计中隐喻的运用不仅需要考虑意义上的联系性,还要将两者的形象巧妙地融合起来,尤其对于那些形态自由度较小的产品而言,更是如此。因此隐喻需要设计师具有很好的联想能力和设计表现能力。

第十章 隐喻与产品诗化语意的传达

第一节 根据文脉因素传达语意

诚然,在产品语意的表达中,比较科学的方式是使产品的内涵意义和外延意义(功能性意义)之间具备恰当的关联性。然而这也局限了产品语意的作用与价值。如前所述,语意性设计还需要考虑到产品的文脉因素,从语用向度进行考量。对于产品语用研究的关注主要由工业设计里的北欧学派提出,"他们的看法认为'产品语意学'太注重'单字'的意义,太注重'文本'的意义,所以应转而从'文字组合'及'文脉'(语境)来引发语意。"

这就避免了将产品语意传达的考量限制在产品(单字或文本)和使用者之间的沟通基础上,而是扩充为使用者的整个社会生活环境,本质上便是从消费者可能采取的诠释方式出发进行语意考量,使产品形式传达出情感意味,如表10-1。

语意的传达
Semantic Communication

消费者的诠释性需求	与产品使用情境的关系
显示时尚品位	产品与社会流行的关系
显示身份地位	产品与社会习俗的关系
送予他人以传情达意	产品与社会文化惯例之间的关系
作为生活点缀	产品与周围物的关系
作为功能性玩具	产品与消费者个性趣味的关系
……	……

表10-1

就当代传播理论来看，设计的表现策略有三个层次：表达、沟通和说服层次。

表达层次：设计表达就是作者在"物"的考量之外，还要有"意义"，借由材料的特性（形式、色彩、原料、光影）与设计的形式法则（美学）显现出来。表达基本上是单向的。

沟通层次：沟通则是建立在表达的基础上，将"意义"显现给特定的接收者，并通过反馈的信息来调整"意义"。沟通基本上是双向的，是想法的交换。而设计沟通基本上是不存在的，或者说在创作中，设计沟通基本上是虚拟的，主体只能凭借经验、市场调查的信息来预设沟通的情境，以把握和调整接收者的感受与反应。哪些符码在哪种情况下，最具有共鸣效果，是设计师需要良好把握的。

说服层次：说服就是作者将"意义"显现给接收者，并借由这样的显现以及权力关系，直接或间接地改变或调整接收者的心理，使其接受作者给定的"意义"。说服基本上是单向的，或者说是伪装成双向的单向，在单向的角度，说服依靠过度的权力（垄断、权威……）；在伪装成双向的角度，说服则依靠有节制的权利（广告营销策略等），来说服接收者。

在当代多元的商业氛围下，脱离社会文化符码和文脉考量的个性表达显然是被动的。产品需要批量生产，并为特定的消费群接受，所以社会文化符码的探讨就显得必要。设计师需要把预设的消费群所熟悉和喜欢的符码因素整合进产品中来，这样的产品才是真正"以人为本"的，并形成了沟通和说服层次。并且基于出发点不同，两者的侧重亦不同。从文化的观点来看，最重要的就是沟通层次；而从商业的角度来看，最重要的则是说服层次。

今日的消费者已经不满足于被动的接受，而是主动的诠释，具有评价和选择能力。因此商业目的虽然着重于说服，但是要尽量做到隐蔽，要能产生"不是以理服人、以权压人，而是以情动人"的错觉。这可以使企业仍处于主动的地位，而消费者也有主体的归宿感。

隐喻便是一种有效的说服性策略和方法。文学中的隐喻往往被视为一种花言巧语、华而不实的话语行为，然而在竞争日益激烈的市场环境下，产品正需要这种巧言令色去打动消费者的心。

第二节　通过隐喻传达情感语意

狭义的产品语意学中力图传达的意义，和产品的功能与使用有着密切的关系，因此语意生发的思维源头在产品；而使用者的诠释性需求是带有情感性的，使用者希望从产品获得的意义也不是从产品以及产品的邻近性体系中能够找寻到的，因此语意生发的源头在使用者。尽管两者都强调与使用者的关系，然而前者是封闭性的（囿于使用认知过程），而后者则是开放性的（图10-1）。

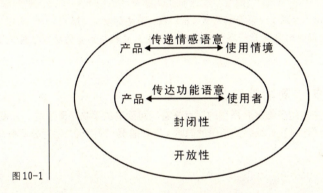

图10-1

因此，后者开放性的语意传达无法用功能语意传达的方法实现，而后现代设计中大量使用的隐喻则是传达情感语意很好的思维方法。

尽管产品功能语意的传达也采用类似性关系的隐喻，但它是基于意义上的类似，而产品情感语意则采取形式上类似的方式（图10-2）。两者有一点是共同的，都希望通过新的符号来产生内涵。

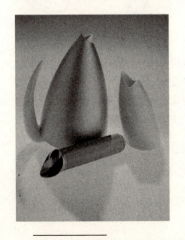 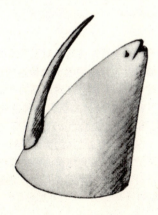

图10-2　菲利普·斯塔克为 Alessi 公司设计的 Ti Tang 茶壶和 Su Mi Tang 乳酪糖罐

其中：F 为"形式"（Form）
M 为"意义"(Meaning)
R 为"关系"(Relation)

[基于形式的类似]

第二层次（内涵）　　　抽象的动物（F）　R　由动物形象展开的联想，
俏皮、可爱……（M）

当作↑↓拆解

第一层次（外延）　茶壶的形式（F）　R　茶壶的功能（M）

　　由动物形象展开的联想获得的内涵意义显然与茶壶的功能性意义没有直接关联。

第三节　隐喻范畴的广泛性

　　从文本间多维度联系性的观点来看，可隐喻的事物是无限的。如图10-3的产品便是对我们熟悉的字母的隐喻（见彩图45~彩图50，索尼公司概念性产品设计）。

图10-3

　　与产品功能语意传达中对于隐喻的运用相比，产品情感语意的隐喻思维则更具开放性。这是由两者语意传达的目的决定的。

　　隐喻也可以不建立在对产品的完整替换或显著类似的基础上，一个产品的结构关系或者某个构件，甚至一种色块、一个线条的类似性替换都可以看作是隐喻。隐喻本质上是设计师对于现有产品的一种商讨性的阅读和诠释，只要设计师将一件产品通过他认为类似的符号表现出来，这便是隐喻。而如果这种类似性联系是没有经过其他设计师实践过的，或者是运用独特的风格符码对已有的联系进行新的诠释，那便具备了创意性。

第二层次(内涵)　　　　　非规则曲线(F)　　　R　<u>有机、流畅、动感……</u>(M)

当作↑↓拆解

第一层次(外延)　耳机的形式(F)　　R　耳机的功能(M)

如图10-4中耳机非规则的曲线形态使人联想到有机动感、自然流畅等语意。

图10-4

图10-5是埃托·索特萨斯（Ettore Sottsass）1969年为Olivetti公司设计的"情人（Valentine）"打字机，大胆采用了有别于现代主义中性色彩的红色，使人产生直接、热烈、激情与畅快等联想。

图10-6，表面处理上的隐喻。

图10-5　　　　　　　　　　　图10-6

我们不仅要关注隐喻在符号形式上的类似，还需要关注特定的设计表现符码的介入，比如特定的风格和意识形态。如仿生或拟人这样的隐喻并不意味着对于表现客体的客观映射，隐喻所体现的象形符号的属性是带有一定象征性的，具有社会文化的惯例性。对于一个象形符号而言，似乎必须是对于任何从未见过它的人来说也要显得透澈明白，但这种假设不太可能在现实中出现。我们只是在已经知道其意义的情况下，才看到它们的相似性。对于任何符号的理

语意的传达
Semantic Communication

解来说，习惯都是必需的，就如我们需要通过学习才可以明白一张照片，或者一部电影的含义。因此，隐喻需要建立在设计师的特定表现风格符码的基础上。

图 10-7

图 10-8

图 10-7、图 10-8 是马赛洛·尼佐里（Marcello Nizzoli）设计的 Lexikon 80 打字机（1948）和 Mirella 缝纫机（1957），受到当时亨利·摩尔的雕塑风格影响，体现了对于设计表现符码的隐喻，使产品体现出了雕塑般的内涵。

图 10-9

图 10-9 中，阿尔多·罗西（Aldo Rossi）将其后现代建筑的形式元素运用到了茶壶上，体现了意识形态隐喻的性质。图 10-10 是菲利普·斯达克设计的名为 Joe Cactus 的烟灰缸，体现了对于植物的类似性隐喻，但这一类似是抽象而模糊的，建立在设计师的表现风格符码基础上。人类的任何一种创造活动都应该是思维的体现，太具象的隐喻容易束缚想像，也忽略了文化符码的介入，降低了设计的文化内涵。

图 10-10

第十章　隐喻与产品诗化语意的传达

第四节　根据使用者的不同情感需求进行隐喻性设计

尽管产品中诗意性隐喻的运用是基于形式的类似产生的，显得更具艺术性而缺乏理性基础，但这种意义传达的相对开放性并不表明设计者可以纯粹地天马行空。因为使用者的需求同样是对设计者意义传达目标的限制，产品所处文脉中的社会文化符码则是这种限制的表现。在商业性设计中，这种限制往往体现于企业对产品目标消费群的不同定位。比如我们往往提及"车如其人"，这种拟人化当然不是指两者形式上的类似，而是两者内涵意义上的类似，一辆车所表现出的形式元素，其所传达的意义是可以体现使用者所期望的情感语意的（如表10-2）。

汽车品牌	定位
帕萨特	定位：商场征战利器，实力的象征；30-35岁男性，高级商务人士；聪明、圆滑、时尚、典型实力派人物；张扬、好斗、喜欢冒险；是社交场上的活跃分子。
风神新蓝鸟	E时代的尊贵享受；热衷于时尚、科技，是潮流的引领者；注重生活的高素质，有点享乐主义者的味道；文化层次及社会地位很高的高层管理者。
富美来	温文尔雅的风雅之士；以白领为最多，性别趋近于中性；属于高文化层次和社会地位的中青年白领形象；内敛，有教养，注重个人形象；对生活质量有较高要求。
宝来	"驾驶者之车"；30岁左右男性，高级白领、私营业主；事业刚踏上稳定发展阶段；渴望驾驭动力，彰显个性与自我；有一定社会地位的成功人士。

表10-2

因此，设计师不能完全从自己的喜好出发，仅运用偏爱的符码进行设计，这样容易导向为了形式而形式，为了隐喻而隐喻。差异性的市场决定了我们需要用差异性的思维去对产品进行差异性的诠释。对于使用者期望的情感性语意的了解和把握是必须的，这可以通过调研和经验获得。从根本上说，这体现于设计者对于特定符码和语境因素的把握。设计师的最终任务便是使这些模糊的情感性语意用可视化的形式表现出来。

设计者所要传达的语意需要与使用者期望的诠释性意义类似。因此，我们也可将这样的隐喻性设计看作是基于意义层面的类似性，而不仅仅是从与产品形式的类似性出发进行隐喻，尽管它与产品本身的意义不存在明显的类似关系。

语意的传达
Semantic Communication

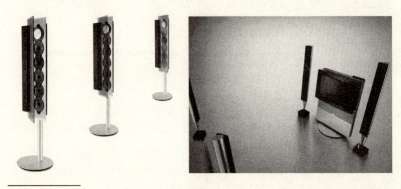

图 10-11

图 10-11 是丹麦 B&O 公司针对目标消费群诠释的高档视听器材，体现了对于特定符码和文脉因素的考量，使产品具有独特的内涵。

第五节　由类似性符号产生的诗化语意

和诗一样，产品设计中最具表现力和情感的语意使用经常建立在暧昧不明、多重含义和丰富的隐喻之上。尽管由于情感的设计原则经常运用潜意识，或是缺乏实证基础（很难进行确切分析），使得我们也只能像对待诗歌的意义那样去猜测设计师的情感意味，然而情感语意的魅力便在于这种只可意会不可言传的模糊性，即所谓的"所指不明"。产品与使用者之间的这种沟通是建立在某种程度的共鸣基础上。设计者的意图不需要也不可能完全为使用者理解，设计师给予了使用者根据具体的文脉进行诠释的权利，这样的文本是开放性的，它没有封闭阅读。

此外，从根本上说，产品符号是具有更多图像性的符号，建立在相似性（类似性）的基础上，这种性质本身也决定了它的优势不在于传达精确的意义。

总的来说，象征符号灵活而高效，并且更为精确。而图像符号则做不到这些，它比较复杂，不方便使用，且无法表达复杂精确的意义。有时基于这一认识基础之上产生了"数字符号(digital signs)"和"类似符号(analogical signs)"的区分。然而，不存在其中一种比

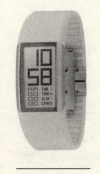

图 10-12

另一种绝对更好的状况，比如手表可以采用数字性或类似性（类似于时间的行走）的显示，两者各有千秋，前者更精确，而后者则更形象，如图10-12。

一般说来，严谨的传达意图倾向于使用数字符码，而在这些传达意图之外，我们可以用姿态、手势、面部表情、语调等等辅助进行表达。类似性的符码可以很好地表达我们的情感、态度。因此，虽然"数字革命"使我们不可避免地生活在"数字技术"中，但它仍然不可能掩盖类似性符号具有的优势。连续的类似性符号可以精细地表现各种层次的感受，这显然超越了语词的作用。情感是类似性的意义，不像象征性的符号形式，类似性的符号形式（以及它们的意义）是互相混合的，不可能有一个全面的动态的类似性符号的目录。类似性的符号当然可以被数字化形式重新生成（就如声音以及静止或者运动的图像的数字性纪录），但是它们无法像语言符号那样直接地与一种标准的"辞典"或者语法相联系。

类似性符码多层次的性质使它们可以表达丰富的意义，但是也使得它们在语法问题以及语意的精确性上陷入困境。数字符码的不连续单元在表现意义上是贫乏的，但是在语法规则和语意表达的精确性上有更多的优势。然而，具有传播意图的类似性符号可能更加向读者的主动诠释敞开。

产品功能语意的传达在借助符号指示性和象征性时，同样摆脱不了产品形式这种与生俱来的图像性，其意义的传达实际上是有限的，只能是一种基于暗示性的和推测性的意义，远远无法如象征性图标、口语和说明文字那样表达确定、复杂的功能或者操作程序。

因此，恰当地运用图像符号的这种特性传达模糊的意指，使使用者获得诠释性的情感享受是相当有意义的，也是非常人性化的设计思路。当代的广告便是一个有力的例证，图像可以用来表达含蓄的主张。今天的受众不喜欢那种直白的语言表达。我们没有必要让消费者明确知道这个产品适用于怎样的人群、怎样的场所，消费者会根据自己的理解和诠释去作出自己的判断。

第六节　情感性隐喻的作用

基于形式类似的隐喻似乎只是为了哗众取宠，而缺乏实际的价值，但是在竞争日益激烈、讲求个性化、情感性消费的市场背景下，它的作用是巨大的。

1．满足消费者的差异性需求

这已经无需赘述了。

2．使我们习以为常的产品显得不同寻常、富于魅力

许多产品在我们的生活中显得再普通不过（比如大量的日用品），这些我们日常大量使用和碰到的产品话语过于直白、确定，因此显得呆板而乏味，这

语意的传达
Semantic Communication

使我们容易忽略它们的存在，它们对于我们来说似乎已经成为了一种单纯的功能载体。然而，因为普遍，它们也是我们的生活中极其重要的组成部分，直接影响着我们的生活品质。

隐喻的使用则可以使这些普通的物件看起来就像一样全新的产品，并成为一个情感的载体。通过使用者感觉陌生的语意，产生情感性的内涵，使产品变得不同寻常、具有新鲜感，引起使用者认知的兴趣，也为日常生活提供情趣（如图10-13，彩图36、彩图37、彩图43、彩图44）。

任何独特良好的隐喻其实也是符合语意学的初衷的，它让整齐划一禁欲般的现代生活充满活力。隐喻的形式会唤起消费者认知、探求的兴趣，从而使消费者更快地认可这一产品。

3．使缺乏情感意味的事物显得亲切可爱

当代的科学技术一日千里，新产品层出不穷，这是对人们的接受能力的挑战。然而产品中高技术运用的目的不应该是为了使人们困惑，也不应该是对消费者智商的考验，而是要带给人们更多的方便、效率和乐趣。因此科技需要以人为本，努力拉近高科技和人们之间的关系，而不是造成沟壑。同时，产品本身冰冷的质感也妨碍着它与使用者的亲近。因此在考虑到便于产品认知和操作的同时，我们还需要考虑到使用者情感上的需求。

这亦是很好的产品语意学策略，拉近消费者与产品的心理距离，让普通的消费者面对产品不是望而却步，而是非常乐于去尝试。今天的产品在技术傻瓜化的同时，其形象也必须平易近人。

恰当地运用隐喻便是拉近产品和使用者之间情感距离的桥梁。

如前所述，在日常生活中，我们一般通过隐喻方式，根据更为熟悉的或者更为简单具象的定义模型来表达我们所不熟悉的事物或者复杂抽象的事物。这一方面可以是意义层面的，也可以是形式层面的。比如不借助类似性，我们将无法向别人表达一朵云的形状。

类似这一基础暗示了隐喻涉及图像符码。然而从广义上来说，这样的类似性是模糊的，因此我们可以认为隐喻是象征性的，我们需要借助一个惯例性符号的意义来理解和体验一个陌生的事物。这样，在理解隐喻时，我们就要比那些更为

图10-13

第十章　隐喻与产品诗化语意的传达

明确的能指付出更多的诠释性努力，因为在最初我们必须要有一个想像的飞跃，才能够理解一个陌生的隐喻所映射的相似性。而在大多数情况下，使用情境会暗示我们首要的主题是什么。

如诗歌中所体现的：

当落日从明亮的海 / 发出爱情与安息的情热 / 而黄昏的堇色的帷幕也从 / 天宇的深处降落。

——雪莱《云》

读者必须首先努力去感受"爱情与安息的情热"等字句所体现的意义，然后才可能把两种相隔遥远的事物类似性地联系起来，而这种联系也需要读者对于落日、海这些情境因素有一定的经验。但是，凭借经验和推测进行的这种诠释性努力，和模糊意义的获得都可能是一种快乐的体验。

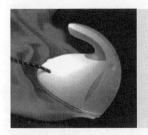

图10-14

第二层次（内涵）　　抽象的兔子（F）　　R　　由兔子展开的联想，
　　　　　　　　　　　　　　　　　　　　　　迅速、乖巧、温和、可爱…（M）

　　　　　　　　　　　　当作 ↑↓ 拆解

第一层次（外延）　电熨斗的形式（F）　R　电熨斗的功能（M）

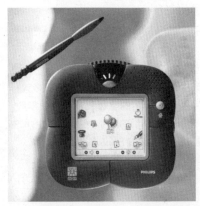

图10-14是由兔子展开的联想所获得的内涵意义，使使用者在使用电熨斗的时候，就好像在和一个亲切可爱的宠物而不是冰冷的工具进行沟通。

如图10-15所示，现代的高科技电子产品需要拉近和消费者的距离，尤其对于年轻人而言，亲切富于活力的形式是对产品最好的包装。

图10-15

121

语意的传达
Semantic Communication

第七节 从隐喻思维看现代主义产品与当代产品的差异

1. 现代主义产品体现的一致性隐喻思维

隐喻是无处不在的，对于人类隐喻本能的压抑，也就压抑了人类生活的丰富性。

现代主义亦不可能令自己生活在无隐喻的世界中。现代主义时期的设计被普遍认为是对男性气质的隐喻，这种状况即使到现在仍占主流。知名设计师菲利普·斯达克便指出："今天，80%的产品都摆脱不了一种阳刚之气。"这似乎并不过分，看看我们周围的产品，确实多半都是刚猛有余，温柔不足。为了使产品具有男性化的气质，设计师努力使产品的形式类似于一系列能够体现这种气质的形式元素，比如简单规则的几何线条和体块、黑白灰的中性色彩、重复秩序性的排列等（图10-16、图10-17），这种状况是长久以来父权制社会气质的体现，也是西方推崇的理性精神的体现。

图10-16

图10-17

隐喻最初是非规范性的，因为隐喻强调的显然不是明确性或者外延上的类似，它是夸张和模糊的（尽管如果想要产生解读者都能理解其意义，许多这样的类似必须是较为明显的）。而当我们对于某些特定的隐喻变得习以为常时，就不会去注意它们其实正运用着这种途径引导着我们的思维。随着工业化大生产的发展，现代主义体现出来的这种隐喻性在深度和广度上都达到了极致，人们对这样的隐喻也经历了从厌恶、疑惑到认可的过程，最终，现代主义长期的垄断地位导致了这一隐喻在全世界范围内的一致性。曾几何时，这种现在被认为刻板、缺乏人情味的设计模式是"优良设计"的典范，反之，其他的设计风格则受到了全面排斥。可以说,这种一致性的隐喻正是西方传统的非此即彼、非好即坏的二元对立思想的集中体现。当对这样的隐喻显得习以为常的时候,我们便会觉得"产品就该是这样子的",而不会去意识到其中包含的隐喻性意义。为此,我们的世界损失了百分之八十的缤纷。

而有意识地运用未曾规范化的隐喻,有时就可以帮助我们去消除这种乏味的、理所当然的看待各种事物的方式。功能的意义必将随着时间而消退,直至成为垃圾。然而只要人类还存在,情感意义的魅力是永恒的,正如中国的诗词是不朽的,不是因为它们叙述了历史,而是因为它们充溢了情感。现代主义设计同样可以被今天的人拿来怀旧,不在于其功能,而在于其形式传达的意义。现代主义在排斥其他文化的同时,也不经意地创造了一种属于机器时代的文化。

2. 当代产品中的多样性隐喻思维

二元论似乎是深深植根于人类的分类活动的发展中的,它不是天然的概念,而是人类在文化实践中用来帮助产生秩序的,为区别动态复杂的具体体验而建立的复杂分类系统。并且,这些对立不只是被当作人类的修辞活动来认识,而是与其他的对立相关联,构成了一种整体性的世界观或意识形态。诸如男性气质/女性气质这样的对立不是孤立的,它可以和无数其他对立关联起来,比如:

男性气质: 科学 人类 工作 理智 写作 清晰 严肃 规律 专业 成熟 光明……
女性气质: 愚昧 自然 休闲 情感 阅读 模糊 可爱 混沌 业余 幼稚 黑暗……

这样的对立性语意扩充可以一直持续下去,涵盖了几乎所有的概念范畴。逐渐地,这样的二元对立概念对于一种文化的成员而言便显得自然而然。尽管它们不是生来就直接"对立"的,但文化惯例却鼓励我们去如此对待它们。设计中使用的语意调查法便是建立在一系列两极对立性的成对形容词基础上的。

需要指出的是,这样的对立不等于简单的差异,而是等级性的。在许多常见的成对的语词中,两者的意义具有不同的价值。一类是主要的,被赋予了优越性,被认为是"标准的"。而同时,另一类语词则是作为次要的甚至被压制的来对待。一旦后一类形式出现时,就显得突兀,容易被安排在最为突出的位置,以示"不同"、"反常",而不像前者的形式那样作为标准和缺省存在。两者因此可以被解读为规范/反常。这种概念可以运用到广泛的社会实践中。一个反常于惯例性期望的产品需要使用者更多的诠释工作。而规范性的形式则反映了主流的文化价值观。

而在当代,这种清晰的对立正在得到弱化。许多过去认为非正常的文化现象正变得日益正常。与此相对应,设计也因这种观念转变而逐渐发生变化。我们可以根据这样的思路注意到传统上的"深色商品"和"浅色商品",深色商

语意的传达
Semantic Communication

品比如电视机、视听设备、摄像机,其主要目标是男性,其销售参考注重技术规格(内容);而浅色商品比如冰箱、洗衣机、炊具,其主要目标是女性,其销售参考注重外观(形式)。两者之间的褒贬之意不言而喻。而如今的产品已经没有如此清晰的界限,大量的电子产品根据消费群的不同有着多样的形式(如图10-18)。

图10-18

人们已经渐渐地习惯于用过去的反常现象来表达积极的含义,就像温柔和可爱这样的修辞也可用于赞美当代的男人,而不是贬低。因此,今天的设计师应该是包容性的,既要有对技术的深刻理解,也要有对多元的文化现象的认识,尽量避免什么是好的、什么是不好的这样简单机械的评价。多样性所需要的创意性是无法猜测的。没有什么是最好的,惟有不断变化着是最好的。

无论如何,当代设计已经逐渐开始重视起多样性隐喻的运用,过去的无意识正为现在的有意识运用所代替。不可否认的是,隐喻是创意的主要策略和方法,对它的研究和正确认识是非常必要的。

第十一章　讽喻与后现代语意游戏

隐喻性设计是后现代产品设计的一个重要形式特征。而一种更能体现后现代设计所表达的意识形态立场的设计话语表达方式，则是讽喻性设计。如果隐喻可以使产品传达出诗化的语意，那么，讽喻性设计则是希望传达出高度娱乐性的、玩笑性的甚至戏谑性的语意。许多后现代设计师力图通过对产品，特别是家具和家庭用品的这种戏剧性设计，来表达对严肃、冷漠、垄断性的现代主义、国际主义设计的反感和挑战。因此，讽喻性设计中传达的更多的是与产品本身无关的游戏性语意和玩世不恭的态度，甚至是意识形态方面的企图。但这种缺乏明确理论基础，似乎单纯从形式出发的设计方式也一直受到人们的诟病，许多人认为它在一定程度上误导了年轻一代的设计师和学生。

第一节　讽喻的概念与特点

讽喻（或反讽，irony）修辞的运用是比较少的，但随着后现代设计的发展，其运用开始变得频繁起来。讽喻的使用已经成为后现代主义文本和美学实

语意的传达
Semantic Communication

践的一个典型特征。后现代设计师通过这种方式,来表达对现代主义确定性意义的冷嘲热讽,并呼唤多样性的诠释体验,这可以看作是对惯例性产品形象的对立性诠释或游戏性诠释,需要较大的思维跳跃性。

和隐喻一样,讽喻符号的形式看似意指了一个事物,但是我们从另一个符号的形式中意识到它实际上意指着截然不同的事物。或者,我们可以将讽喻视作夸张性的隐喻,但讽喻和隐喻是存在一定区别的。隐喻所表现的一个形象对于另一个形象的替代,是建立在类似性的基础上,而讽喻则是建立在差异性基础上。这种类似性和差异性都是建立在我们对于一个产品形象的惯例性体验基础之上的。

隐喻性设计是帮助我们进行认知的,通常用另一个我们更为熟悉亲切的形象来替代需要表达的形象。然而,在讽喻性设计中,通过夸张的替代,设计师有意地损毁和颠覆了我们对于一种产品的惯例性印象和体验,它不仅无法便于我们顺利认知这一产品的真实属性,甚至可能对我们的认知带来困难。

讽喻所体现的这种差异性,最为典型的是建立在对立概念的基础上,我们能从另一个符号的形式中意识到它实际上意指着所述说的对立面。因此,讽喻一般反映了说者或者作者思想或者情感的对立面(比如当你明明讨厌一样事物时却说:"我喜欢它"),或者反映了对于事实的对立态度(比如"这里可真热闹啊",而实际上却凄凉一片)。

而讽喻更多地是建立在相异性或者分离性的替换,比如"指鹿为马"。掩饰性的轻描淡写或者夸大其辞也可以认为是讽喻性的,比如青少年便会使用讽喻来暗示他们是久经世故而非幼稚的。因此从某些观点看来,夸张可以被当作讽喻。

与其他修辞方式相比,讽喻更难被识别。所有的修辞都是用一个新的意义对惯例性意义进行非确定替换,并且对它们的理解需要建立在对所说的(what is said)和所指的(what is meant)之间区别的基础上。因此,从某种意义上说它们都是双重符号。此外,讽喻还包含了语态上的转变。对于讽喻符号的辨别,需要对它的语态状况进行回顾性的评价(回过头来再想想)。对一个十分确定的符号进行讽喻性再评价,需要涉及真实的意图和状况。当然,讽喻性的描述和谎言是不一样的,因为它没有要被当作"事实"来欺骗他人的意图(表11-1)。因此,讽喻可以被认为是经过双重编码的(double-coded)。

语态状况	表面信息	事实状况	意图
明确/事实	"天气真好"	天气非常好	传达/告知
讽喻	"天气真好"	天气很糟糕	玩笑/幽默
谎言	"天气真好"	天气很糟糕	误导

表11-1

第十一章　讽喻与后现代语意游戏

因此讽喻所持的立场，是与一般所认为的意义应该确定、不夸张的观点截然不同的，后一种观点可能会认为讽喻只是存在于文本中的谎言。

讽喻的有限使用可以视为一种幽默的形式。频繁的使用讽喻则会和超脱尘世、怀疑主义联系起来。它有时代表了愤世嫉俗的立场，并可能被认为是虚无主义或者相对主义观念的反映。

第二节　讽喻性的产品语意表达

后现代设计往往运用与现代主义设计相对立的设计语汇来重新诠释经典的产品形象，与现代主义"优良设计"概念相对，他们仿佛表达着"这不是好的设计"、"这不是我们熟悉的产品"的态度，但事实上，其真实意图是与之相反的。

而设计者正是希望通过这种颠覆性的设计，对经典的现代主义产品"优良设计"形象进行质疑和戏谑——作为人造物的产品，其形式应该是多样性的。从中体现了后现代的精神实质。正如后现代哲学家德勒兹（Deleuze）所指出的，创作"是一种永不停息的欲望生产，一种无所顾忌的本能冲动，一种驰骋高原的身体奔突，一种混乱不堪的力比多流……任何编码，都应被无情地解

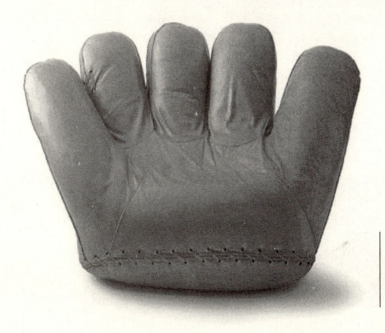

图11-1

语意的传达
Semantic Communication

码；任何领地，都应被游牧所践踏；任何整体，都要为根茎所穿透"。

讽喻性设计比较典型的体现在开始于20世纪60年代中期的意大利激进设计运动中，这个运动的主要目的是反对意大利的正统设计，特别是战后由一批杰出的设计家发展起来的、为高收入阶层服务的所谓"优雅设计"。"阿基米亚（Alchimia）"和"孟菲斯（Memphis）"等激进设计组织设计的家具、用品，深刻影响了国际后现代设计运动。这些组织的设计原则基本相似，都是以高度娱乐、戏谑、玩笑、俗艳的方法，来达到与正统设计完全不同的效果。设计色彩艳丽，普遍使用非常俗气的材料——装饰板作为表面粘贴装饰基础，非常具有儿童心理特点的产品、家具造型和俗艳的色彩，形成明显的波普风格。设计中有一种玩世不恭的气息，特别受到20世纪80年代年青人的喜爱。

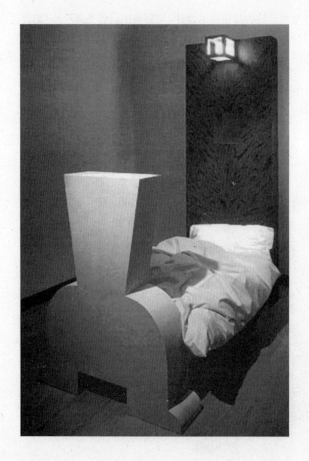

图11-2

第十一章 讽喻与后现代语意游戏

图 11-1、图 11-2 都是我们熟悉的产品，图 11-2 是埃托·索特萨斯设计的名为 Misteriosa 的床，但它们与我们的惯例性印象却相去甚远，俗艳的色彩、夸张的形式，与现代主义强调功能和理性相对，体现了后现代讽喻性设计"意义不明"的游戏特点。

图 11-3

苹果电脑通过运用一系列与传统的电脑相对立的设计语汇，比如隐藏/裸露、直线/曲线、机械/有机、中性颜色/艳丽颜色、稳重/活泼、内敛/张扬、理性/感性等，这种变化过于突然和强烈，完全颠覆了我们对于电脑的惯例性形象，如果不是不可取代的屏幕，我们将很难认知它。但它却体现了苹果公司所要体现的"Think different"的内涵，给消费者留下深刻的印象（图 11-3）。

而多数的讽喻只是体现一种幽默、戏剧性的表现，因此在广告中这种修辞方式是经常使用的，在许多电影中也会采用这种无厘头方式。戏剧性的讽喻形

语意的传达
Semantic Communication

式使解读者乍一眼理解了某些东西，然而另一些则需要解读者更细心的辨识之后才会发现，而后者才是设计师所要传达的关键性信息。

图11-4是菲利普·斯达克设计的Bohem Stool，如果没有上面坐着的人，那么根据我们的认知习惯，这一形式似乎清楚地表明这是些"花瓶"，然而，它却是"凳子"。这样的一种形象对于另一种形象的替代是建立在差异性联系基础上的，而非类似性或邻近性联系。

图11-4

第十一章 讽喻与后现代语意游戏

图 11-5

图 11-6

图 11-5 为马都·顿（Matteo Thun）设计的椅子。
图 11-6 是盖达诺·佩西（Gaetano Pesce）设计的家具，设计师用夸张的形式体现了幽默和喜剧性的效果，对我们习以为常的产品采取了一种对立性的诠释方式。

参考文献

1. 杨裕富：《设计的文化基础：设计·符号·沟通》，亚太图书公司
2. 李幼蒸：《理论符号学导论》，社会科学文献出版社
3. 胡飞、杨瑞：《设计符号与产品语意》，中国建筑工业出版社
4. 王受之：《世界现代设计史》，新世纪出版社
5. 李乐山：《工业设计思想基础》，中国建筑工业出版社
6. 吴翔：《产品系统设计》，中国轻工业出版社
7. 滕守尧：《审美心理描述》，四川人民出版社
8. 刘先觉：《现代建筑理论》，中国建筑工业出版社
9. Daniel Chandler, Semiotics for Beginners, www.aber.ac.uk
10. Visual Directives, http://tim.griffins.ca
11. 《产品设计》等杂志

彩图

彩图1

彩图2

彩图3

彩图4

语意的传达
Semantic Communication

彩图 5

彩图 6

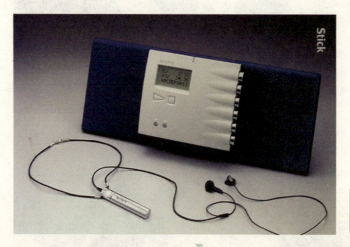

彩图 7

彩图 8

彩图 9

彩图

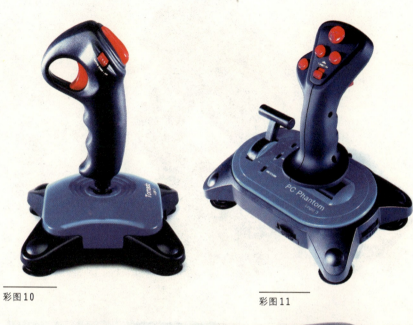

彩图 10   彩图 11

彩图 12   彩图 13

语意的传达
Semantic Communication

彩图 14

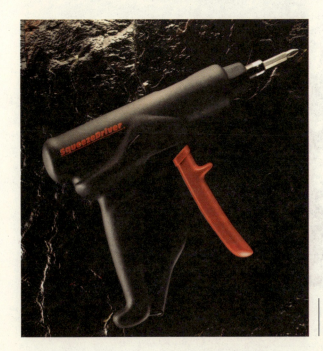

彩图 15

彩图

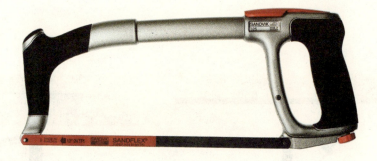

彩图16

彩图17

彩图18

彩图19

语意的传达
Semantic Communication

彩图20　受伤的膝盖升降桌

彩图21

彩图

彩图 22 开关

彩图 23 开关

彩图 24 延长插座

语意的传达
Semantic Communication

彩图 25

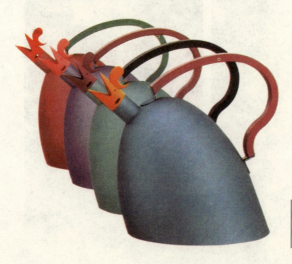

彩图 26

彩图

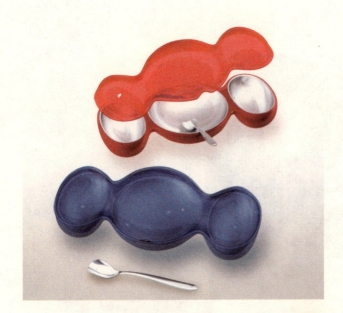

彩图 27

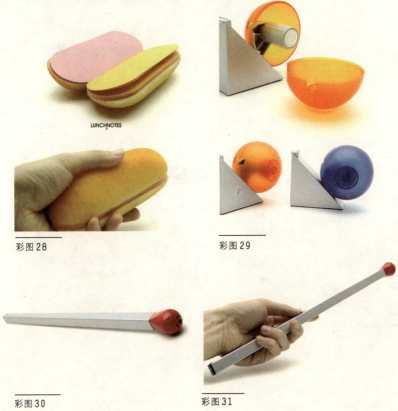

彩图 28

彩图 29

彩图 30

彩图 31

语意的传达
Semantic Communication

彩图 32

彩图 33

彩图 34

彩图 35 三叶虫吸尘器

彩图

彩图36

彩图37

彩图38

彩图39

语意的传达
Semantic Communication

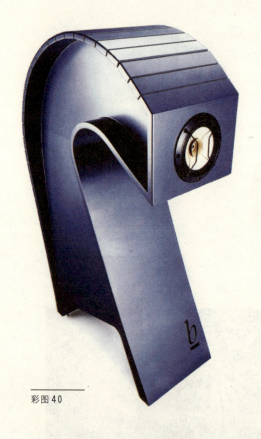

彩图40

彩图41

彩图42

彩图

彩图43

彩图44

语意的传达
Semantic Communication

彩图 45

彩图 46

彩图 47

彩图

彩图 48

彩图 49

语意的传达
Semantic Communication

彩图 50

彩图 51